ABHANDLUNGEN DES METEOROLOGISCHEN DIENSTES
DER DEUTSCHEN DEMOKRATISCHEN REPUBLIK

Nr. 132 (Band XVIII)

KARL HARTWIG STAHNKE-JUNGHEIM

Ein operatives numerisches System der Kontrolle und Analyse meteorologischer Felder für die numerische Wettervorhersage im Nationalen Meteorologischen Zentrum der DDR

Mit 9 Abbildungen und 9 Tabellen

AKADEMIE-VERLAG · BERLIN

1984

Diese Arbeit wurde im Jahr 1983 vom wissenschaftlichen Rat der Humboldt-Universität zu Berlin als Dissertation B angenommen.

ISSN 0138-5658

Erschienen im Akademie-Verlag, DDR-1086 Berlin, Leipziger Straße 3—4

Lizenznummer: 202 · 100/514/84
Printed in the German Democratic Republic
Gesamtherstellung: VEB Druckerei „Thomas Müntzer“, 5820 Bad Langensalza
LSV 1465
Bestellnummer: 763 197 7 (2023/132)
03800

Inhaltsverzeichnis

1. Einleitung

Mit der Entwicklung der ersten elektronischen Rechenanlagen in den fünfziger Jahren war die bis dahin noch fehlende letzte Voraussetzung für den Beginn der Ära der numerischen Wettervorhersage gegeben. Die Voraussetzungen von seiten der theoretischen Meteorologie waren durch die grundlegende Arbeit von BJERKNES (1904), die weiterführenden Untersuchungen und ersten Modellversuche von RICHARDSON (1922), ROSSBY (1937, 1938) und KIBEL (1940) vorhanden. Es ist notwendig zu ergänzen, daß Beiträge von EXNER, ERTEL und PHILIPPS für diesen Entwicklungsprozeß wesentlich waren, wie es auch KIBEL (1957) in seiner Monographie hervorhebt (s. auch MONIN, 1969). Seit den fünfziger Jahren ist die Entwicklung der numerischen Wettervorhersage untrennbar mit der Entwicklung der Rechentechnik, der Existenz immer leistungsfähigerer elektronischer Datenverarbeitungsanlagen, verbunden.

Ein System der numerischen Wettervorhersage besteht — stark vereinfacht — aus den folgenden drei Hauptkomponenten, die gleichermaßen zur Qualität des Endproduktes beitragen:

- der primären Verarbeitung meteorologischer Daten, im wesentlichen die Erkennung und Decodierung der meteorologischen Beobachtungsdaten,
- der Diagnose des Zustandes der Atmosphäre, im wesentlichen die Berechnung der numerischen Analysen der für das Prognosemodell benötigten meteorologischen Elemente,
- und letztlich der eigentlichen Prognose des Zustandes der Atmosphäre in Form der Prognose meteorologischer Felder und der Elementevorhersage (Interpretation) für einen geographischen Ort.

Neben diesen Hauptkomponenten gibt es eine Reihe wichtiger Komponenten, die an die Hauptkomponenten anknüpfen (in einem Fall sogar davor liegen, die Datengewinnung), sie verbinden oder auch Teile der Hauptkomponenten sind, die sich durchaus im Laufe der Entwicklung verselbständigen, das heißt aus den Hauptkomponenten herauslösen können. Hier sei nur der Trend der Verselbständigung der numerischen Kontrolle der Beobachtungsdaten in einem eigenen Kontrollblock bei Übergang zu einer komplexen Kontrolle der meteorologischen Information genannt.

Die heute operativ eingesetzten Analyseschemata lassen sich in folgende Verfahren klassifizieren:

- die Korrekturmethode, bei der die Interpolationsgewichte explizit nach einer Formel vorgegeben werden (BERGTHORSSON und DÖÖS 1955, CRESSMAN 1959),
- die Entwicklung nach bestimmten Basisfunktionen für das ganze Feld oder lokal (Polynome zweiten Grades, Fourier-Reihen, natürliche orthogonale Funktionen, Polynome hoher Ordnung für die dreidimensionale Analyse),
- die optimale Interpolation, bei der die Interpolationsgewichte von der statistischen Struktur des zu analysierenden Feldes und von den konkreten Korrelationen der an der Berechnung eines Gitterpunktwertes beteiligten meteorologischen Information abhängen, also im statistischen Sinne optimal sind.

Dieses von KOLMOGOROV (1941) und WIENER (1949) entwickelte Interpolationsverfahren wurde von GANDIN (1963) auf die Analyse meteorologischer Felder angewandt. Dieses Verfahren hat sich als ausbaufähig erwiesen, es erlaubt auch die statistische Kombination verschiedenartiger Information (KLUGE, 1970). Aus diesem Grund setzt sich das Verfahren der optimalen Interpolation in den letzten Jahren auch mehr und mehr in den Ländern durch, die früher nur die beiden erstgenannten Verfahren benutzten (LORENC, RUTHERFORD, LARSEN, 1977, BERGMAN 1979).

Das Auftreten asynoptischer meteorologischer Information, besonders durch die indirekten thermischen Sondierungen der Atmosphäre von Satelliten aus, rückte neben der räumlichen Dimension die Zeit als vierte Dimension in den Blickpunkt der numerischen Analyse. Vierdimensionale Analyseverfahren wurden entwickelt und sind heute bereits Bestandteil der operativen Analyseschemata (BENGTSSON 1975, MCPHERSON 1975, GANDIN 1976, KLUGE 1976a).

Die Zielstellung für die numerische Analyse als Anfangswert- und Randwertlieferant für das Prognosemodell und als Ausgangspunkt für die Erzeugung diagnostischer Arbeitsunterlagen für den operativen Wetterdienst unterscheidet sich für ein nationales meteorologisches Zentrum (NMZ) nicht von der für ein Regionalzentrum (RMZ) oder Weltzentrum (WMZ). Es geht auch hier um das möglichst vollständige Ausschöpfen der verfügbaren Information. Unterschiedliche Anforderungen an die Analyse in einem NMZ und einem RMZ/WMZ ergeben sich

- aus den Forderungen der Regionalprognose (begrenzter horizontaler und vertikaler Ausschnitt, höhere horizontale Auflösung),
- durch die im allgemeinen geringere Leistungsfähigkeit des verfügbaren Rechners und den geringeren Automatisierungsgrad der technologischen Kette, die dazu führen, das Interpolationsverfahren wegen der zeitkritischen Anforderungen an die Ergebnisbereitstellung hinsichtlich Umfang und Verschiedenartigkeit der verwendeten Information und hinsichtlich der vertikalen Abhängigkeit der Interpolationsgewichte zu vereinfachen und die Anzahl der zu analysierenden meteorologischen Elemente zu verringern,
- aus dem Import von in den RMZ/WMZ erarbeiteter Gitterpunktsinformation.

Jedes NMZ, das sich zum Aufbau eines Systems der numerischen Wetterprognose entschließt, muß ausgehend von seinen gegenwärtigen und zukünftigen technischen und technologischen Möglichkeiten und anderen Bedingungen, wie z. B. Kadereinsatz und Einsatzzeitpunkt, seine Konzeption zum Aufbau dieses Systems entwickeln.

Ein umfangreicher Teil der Zielstellung zum Aufbau des Teilsystems der numerischen Kontrolle und Analyse im Rahmen des Gesamtsystems der numerischen Wettervorhersage im NMZ der DDR ist Zielstellung dieser Arbeit.

2. Zielstellung

Anfang der siebziger Jahre wurde im Meteorologischen Dienst der DDR mit dem Aufbau eines operativen Systems der numerischen Wetterprognose begonnen. Voraussetzung war die Installation der sowjetischen Großrechenanlage BESM-6 mit einer für damalige Verhältnisse großen Leistungsfähigkeit (1 Mill. Operationen/s, Hauptspeicher von 32 K Worten mit je 48 bit), deren Peripherie in den folgenden Jahren immer komfortabler gestaltet wurde (Wechselplatten, Plotter usw.). Es galt also, ein real-time-Erkennung-Analye-Prognose-System zu entwickeln, das der Rechnerkapazität entsprach und ausbaufähig gegenüber künftigen leistungsfähigeren EDVA'n bleiben sollte.

Im wesentlichen von Kluge (1982, zusammenfassende Darstellung) wurde die Konzeption für das System der numerischen Analyse des Massenfeldes entwickelt. Als Ausgangsinformation sollen für die freie Atmosphäre die Geopotential- und Winddaten des TEMP PART A als Basinsinformation, die aus den relativen Topographien der SATEM-Daten errechneten absoluten Topographien und bei frühem Daten-cut-off 12stündige Prognosewerte des Geopotentials als nicht konventionelle Information dienen. Für den Erdboden sind die entsprechenden Ausgangsinformationen Bodendruck und Bodenwind. Die Berechnung der Analysen soll separat für den Boden und die freie Atmosphäre bei nachträglicher vertikaler Anpassung erfolgen. In der freien Atmosphäre wurde eine dreidimensionale Analyse auf den Druckflächen bei Verwendung der gleichen Meldungen für alle Niveaus und des gleichen Gewichtesatzes für die Interpolation auf allen Niveaus vorgesehen.

Von Kluge (1982) wurden die theoretischen und methodischen Grundlagen dieses Systems der numerischen Analyse — basierend auf der Methode der optimalen Interpolation — für das Geopotential bzw. den Bodendruck (bei Nutzung auch für die Temperatur, den Taupunkt bzw. die Taupunktsdifferenz, den Wind und die Drucktendenz) und vom Autor die operativ einsetzbaren Analyseverfahren entwickelt.

Ein operatives Schema zur numerischen Erarbeitung diagnostischer Unterlagen in Form eines regulären Gitterpunktfeldes durch Kombination räumlich-zeitlich irregulär verteilter Information erfordert folgende Bausteine:

- Kontrolle der verwendeten Information,
- Auswahl der informativsten Information,
- Interpolation (Kombination) — Berechnung der Gitterpunktswerte,
- Nachbehandlung der Analyse für das Prognosemodell (Initialisierung),
- Analysentechnologie,
- Mensch-Maschine-Kombination,
- Darstellung der Ergebnisse.

Die Leistungen von Kluge beziehen sich im wesentlichen auf die Interpolation, d. h. die Entwicklung des Interpolationsansatzes einschließlich der Modellierung der statistischen Beziehungen des auftretenden statistischen Systems, und die Initialisierung. Im Rahmen der Gesamtzielstellung bearbeitete der Autor in wechselseitig fruchtbarer Zusammenarbeit mit Dr. sc. Kluge die folgenden Problemkreise, lieferte wissenschaftliche Lösungen und verbesserte bekannte Ansätze:

- Kontrolle der Information,
- Auswahlprozeduren (Sortier- und Suchalgorithmen),
- Analysentechnologie einschließlich Ergebnisdarstellung und Mensch-Maschine-Kombination,
- EDV-Projekt und Programmpaket,
- operative Teste.

Die wissenschaftlichen Ergebnisse wurden kontinuierlich veröffentlicht. Die Bearbeitung der Thematik vollzog sich unter enger Mitarbeit von Dipl.-Math. Vollbrecht und Dipl.-Met. Lambacher. Ihr Aufgabengebiet war im wesentlichen die Programmierung des Programmpakets und die Durchführung der Tests. Von Vollbrecht flossen zu Teilproblemen Vorschläge zur Verbesserung von Algorithmen und Prozeduren ein.

Anhand der Struktur operativer Systeme der numerischen Wetterprognose läßt sich die Zielstellung der Arbeit veranschaulichen und genauer bestimmen. International haben sich zwei Strukturen der operativen Systeme ausgeprägt. Ausgangspunkt ist in jedem Fall die in den Rechner bzw. das Rechnersystem für die numerische Wetterprognose (den „meteorologischen" Rechner, im Gegensatz zum Nachrichtenrechner) eingegangene meteorologische Information. Die Art der Zubringung (mit oder ohne Nachrichtenrechner) ist — obwohl sie hinsichtlich des Informationsangebotes große Auswirkung auf das Endprodukt hat — in diesem Zusammenhang uninteressant. Abb. 1 zeigt in starkschematisierter Übersicht die beiden üblichen Strukturen der operativen Systeme.

Die Kennzeichen der Struktur A sind:

- eine primäre Datenbearbeitung mit relativ viel Kontrollen („meteorologische" Erkennung), d. h. mit den Kontrollen, die eine Einzelmeldung aus sich heraus erlaubt,
- Analysen mit im allgemeinen horizontalen Kontrollen,
- projekteigene Ergebnisdarstellungen.

Die Struktur B ist gekennzeichnet durch:

- eine primäre Datenbearbeitung mit praktisch keinen Kontrollen, d. h., die Erkennung arbeitet auf etwas höherem Niveau als für Zwecke der Nachrichtenvermittlung,
- projekteigene Kontrollen,
- projekteigene Ergebnisdarstellung.

Die Weiterentwicklung einzelner Teilsysteme der numerischen Wettervorhersage läßt die Herausbildung einer neuen Struktur des operativen Systems erkennen. Der Trend zur Verselbständigung der numerischen Kontrollen und die immer umfangreicheren und komplizierteren Darstellungsmöglichkeiten der Ergebnisse führen zu einer neuen Struktur (Abb. 1, Struktur C), deren Kennzeichen die komplexe Kontrolle der in allen Projekten verwendeten meteorologischen Information und ein einheitliches Programmpaket für die Ergebnisdarstellung sind.

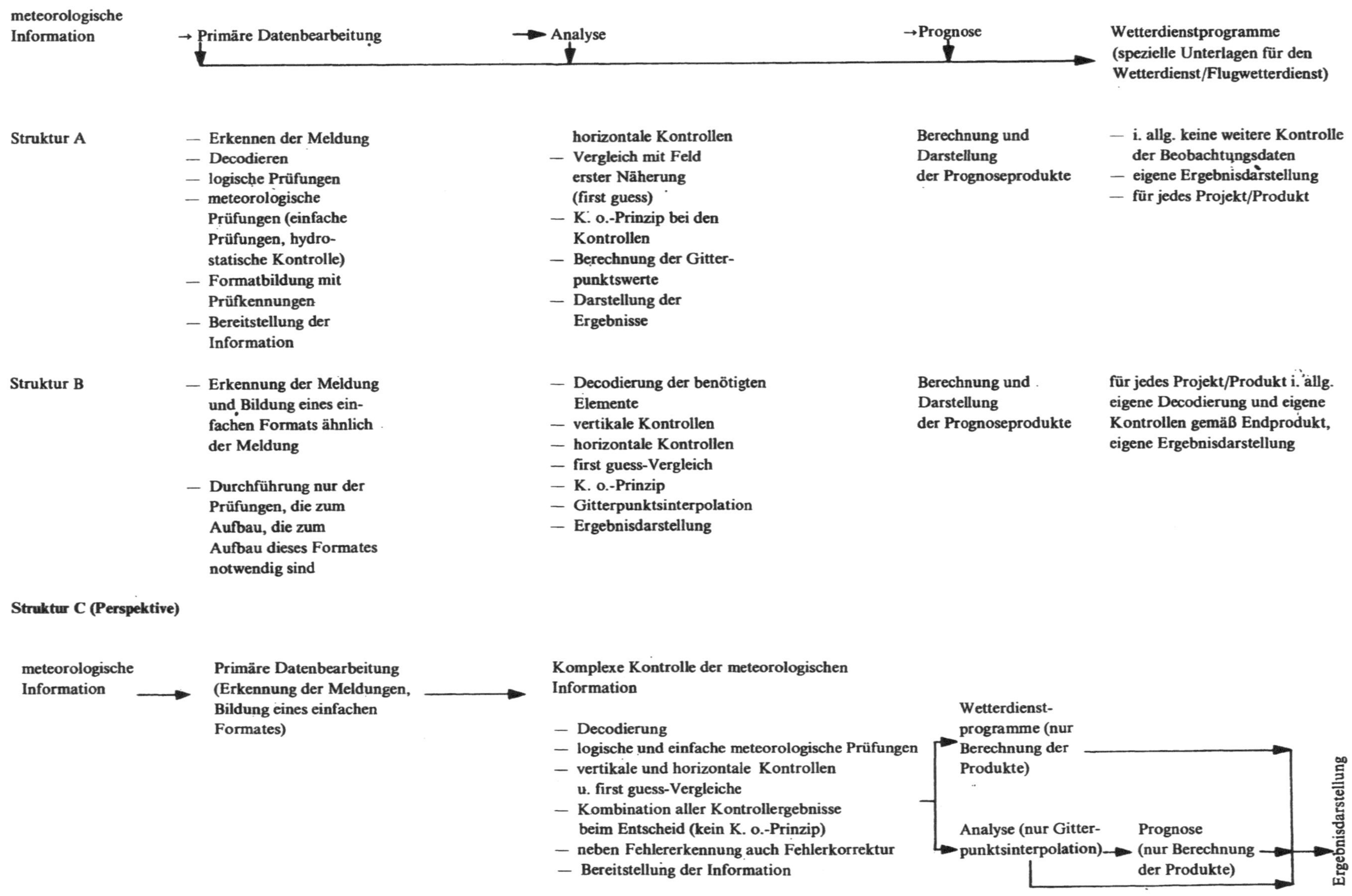

Abb. 1. Strukturen operativer Systeme der numerischen Wettervorhersage

Das Ziel dieser Arbeit läßt sich nun schärfer formulieren:

- Entwicklung von Einzelelementen der komplexen Kontrolle, d. h. Entwicklung und Verbesserung von Kontrollverfahren und Kontrollalgorithmen im Rahmen des Systems der numerischen Wetterprognose für die meteorologischen Elemente Geopotential (TEMP- und SATEM-Daten), Temperatur, Bodendruck, Drucktendenz, Wind und in begrenztem Maße für den Taupunkt bzw. die Taupunktsdifferenz,
- Erprobung und Optimierung des Interpolationsansatzes (Auswahl der Art und der Anzahl der bei der Berechnung der Gitterpunktswerte verwendeten Information in Abhängigkeit vom Informationsgehalt, der Netzdichte und der Technologie), Weiterentwicklung des Analyseverfahrens auf der Basis dieses Ansatzes,
- Entwicklung und Verbesserung von Sortier- und Suchalgorithmen als Voraussetzung für die Kontrolle und Analyse,
- Erarbeitung des EDV-Projektes und Realisierung des Programmpaketes für dieses System der Kontrolle und Analyse,
- Erarbeitung der Analysentechnologie, d. h. der internen Analyse-Prognose-Technologie und der Einordnung der Analysen im Rahmen der Gesamttechnologie, dazu gehören der Komplex Ergebnisdarstellung und erste Schritte zur Mensch-Maschine-Kombination,
- Durchführung der operativen Tests.

Das Ziel dieser Arbeit ist *nicht* die komplexe Kontrolle der genannten meteorologischen Elemente. Die komplexe Kontrolle jedes Elementes hat Einzelkontrollen in guter Qualität zur Voraussetzung, diese müssen für bestimmte Elemente noch entwickelt bzw. verbessert werden. Die dann noch zu schaffende komplexe Kontrolle ist eine selbständige Aufgabe mit einem nicht geringen Schwierigkeitsgrad. Die Unterschiede einer „komplexen Kontrolle" von einem System von Einzelkontrollen bestehen im folgenden:

- komplexe simultane Auswertung und Bewertung aller Einzelkontrollen, kein K.o-Prinzip,
- neben Finden der Fehler auch weitgehende Fehlerkorrektur,
- Behandeln der Fehler nach den Ursachen ihrer Entstehung,
- nach Beseitigung eines Fehlers Wiederholung der Kontrollprozedur für alle Beobachtungen (zyklische Kontrolle).

Vorstellungen zu einer komplexen Kontrolle der aerologischen Information wurden zum ersten Mal 1971 von Gandin und Tarasjuk veröffentlicht (s. auch Gandin, Smirnova 1973). Von Parfinevič (1975) wurde die komplexe Kontrolle für Geopotential und Temperatur realisiert und operativ im Hydrometeorologischen Zentrum Moskau eingesetzt.

Komplexe Kontrollen für andere meteorologische Elemente wie Wind und Feuchte sowie Elementegruppen wie Bodendruck, Drucktendenz und Wind, Temperatur Taupunkt sind in den fortgeschrittenen Zentren noch in der Entwicklungsphase. Das Grundproblem besteht in der nicht ausreichenden Qualität eines Teiles der Einzelkontrollen.

Im Nationalen Meteorologischen Zentrum der DDR wurde, Anfang der siebziger Jahre beginnend und aufbauend auf den Erfahrungen der sowjetischen Schule (s. besonders Belousov, Gandin, Maškovič 1966), ein operatives System der numerischen Wettervorhersage aufgebaut, dessen Struktur bezüglich der Datenprüfungen durch eine „meteorologische" Erkennung (primäre Datenbearbeitung mit meteorologischen Prüfungen, im besonderen der hydrostatischen Kontrolle) und durch numerische Analysen mit horizontalen Kontrollen der verwendeten Information gekennzeichnet ist.

3. Kurzer Abriß der Methode der optimalen Interpolation

Die von Kolmogorov (1941) und Wiener (1949) entscheidend vorangetriebene Theorie zufälliger Prozesse wandte Gandin (1963) breit auf die numerische Analyse meteorologischer Felder an, indem er die meteorologischen Felder als Gaußsche Zufallsfelder behandelte. Die Behandlung meteorologischer Felder als Gaußsche Zufallsfelder, d. h., sie sind durch erste und zweite Momente vollständig zu beschreiben, beinhaltet durchaus eine Einschränkung. Die Werte der meteorologischen Elemente erfüllen im allgemeinen unzureichend diese Forderung, jedoch entsprechen die Abweichungen der meteorologischen Elemente von ihrem statistischen Mittelwert oder einem anderen Referenzniveau einem Gaußschen Zufallsfeld im allgemeinen gut und erfüllen auch die Forderung nach Homogenität und Isotropie ausreichend. Deshalb basiert die Methode der optimalen Interpolation auf den Abweichungen der meteorologischen Elemente.

Der Schätzwert f_k^+ (der Abweichung vom statistischen Mittelwert) für den k-ten Gitterpunkt einer zu analysierenden Niveaufläche wird nun durch die Linearkombination

$$\frac{f_k^+}{\sigma_k} = \sum_{i=1}^{n} p_{ki} \frac{\tilde{f}_{ki}}{\sigma_{ki}} \tag{1}$$

berechnet. Die Schätzung wird so vorgenommen, daß im statistischen Mittel das Quadrat der Differenz zwischen Signal und Schätzung zum Minimum wird:

$$\varepsilon_k^2 = \overline{\left(\frac{f_k^+}{\sigma_k} - \frac{f_k}{\sigma_k}\right)^2} = \text{Minimum} . \tag{2}$$

In Gleichung (1) und (2) bedeuten die Größe f_k^+ die interpolierte (geschätzte) Abweichung des Wertes des meteorologischen Elementes im k-ten Gitterpunkt, die Größe f_k die Abweichung des wahren Wertes im k-ten Gitterpunkt und die Größe $\tilde{f}_{ki}$ die Abweichung des i-ten in der räumlich-zeitlich Umgebung liegenden Beoachtungswertes (für die Berechnung des k-ten Gitterpunktes) von ihrem statistischen Mittelwert. σ_k, σ_{ki} sind die dazugehörigen Streuungen.

Gleichung (2) ist unter den oben angegebenen Bedingungen gleichbedeutend mit der Forderung nach minimaler Entropie des aus den verwendeten meteorologischen Elementen f_k und f_{ki} bestehenden statistischen Systems. Das entspricht im statistischen Sinne der optimalen Ausschöpfung der verwendeten Information. Die Gewichte p_{ki} für den i-ten umliegenden Beobachtungswert zur Berechnung des k-ten Gitterpunktwertes bestimmen sich durch die Ausführung der für das Kriterium (2) notwendigen Bedingung

$$\frac{\partial \varepsilon_k^2}{\partial_{p_{ki}}} = 0, \qquad i = 1, \ldots, n, \tag{3}$$

und führen auf die Lösung folgenden Gleichungssystems:

$$\sum_{j=1}^{n} p_{kj} \frac{\overline{\tilde{f}_{kj}\tilde{f}_{ki}}}{\sigma_j \sigma_i} = \frac{\overline{f_k \tilde{f}_{ki}}}{\sigma_k \sigma_i}, \qquad i = 1, \ldots, n, \tag{4}$$

bzw. in Matrixschreibweise:

$$K_{n,n} \quad P_{n,1} = R_{n,1} \,. \tag{5}$$

Die Korrelationsmatrix K ist quadratisch und symmetrisch. Sie enthält die Korrelationsbeziehungen zwischen der an der Interpolation beteiligten Ausgangsinformation untereinander, der Spaltenvektor R den Zusammenhang zwischen der gesuchten Größe und der Ausgangsinformation. P ist der Vektor der Gewichte. Unter Ausgangsinformation sind dabei durchaus verschiedenartige Informationen, wie z. B. TEMP-Geopotential- und Winddaten, SATEM-Geopotentialdaten und Prognosedaten des Geopotentials, zur Berechnung eines Gitterpunktswertes zu verstehen. Wir sehen, die Lösung des Gleichungssystems (4) bzw. (5) hängt von der Modellierung der statistischen Beziehungen der verwendeten meteorologischen Elemente und Informationsarten ab.

Der beobachtete Wert $\tilde{f}$ läßt sich als Summe von wahrem Wert f und seinem Fehler f' darstellen. Daraus ergibt sich, daß die Bestimmung des statistischen Systems die Korrelationsbeziehungen zwischen den wahren Werten, zwischen wahrem Wert und Fehler und zwischen den Fehlern der beteiligten durchaus verschiedenartigen Information erfordert.

Während die Autokorrelationsfunktionen der wahren Werte der für die numerische Analyse zu verwendenden meteorologischen Elemente bekannt sind (s. besonders die Zusammenstellung von Czelnai, Gandin, Zachariev, 1976) und für einfache statistische Systeme (z. B. Verwendung nur des gesuchten Elementes als Ausgangsinformation) die Korrelationsbeziehungen auch seit längerem vorliegen, existieren für gewünschte Kombinationen verschiedenartiger Ausgangsinformation (z. B. wie die oben angegebene) erst seit kurzem praktikable Modellierungen der statistischen Beziehungen. Auf diesem Gebiet leistete Kluge (1976a) Pionierarbeit. Das statistische Modell für die numerische Geopotentialanalyse ist eines der kompliziertesten statistischen Systeme bezüglich der Ausgangsinformation im Vergleich zu anderen numerischen Analysen. Es ist im Abschnit 6.1 zusammengefaßt dargestellt.

Mit Hilfe der Beziehung (4) erhalten wir aus (2) den folgenden Ausdruck für das Fehlermaß einer optimalen Schätzung gemäß Kriterium (2), den theoretischen Interpolationsfehler ε_k^2:

$$\varepsilon_k^2 = 1 - \sum_{i=1}^{n} p_{ki} \frac{\overline{f_k \tilde{f}_{ki}}}{\sigma_k \sigma_i} \,. \tag{6}$$

Die Schätzung des Interpolationsfehlers als Nebenprodukt der Interpolation ist ein Vorteil des Verfahrens der optimalen Interpolation gegenüber anderen Verfahren. Weitere wichtige Vorteile des Verfahrens der optimalen Interpolation bestehen neben dem Hauptvorteil — der statistisch korrekten Kombination unterschiedlicher Informationsarten (Klimadaten, Beobachtungsdaten, numerisch erzeugte Werte) — in der Anwendung dieses Verfahrens auch für die Datenkontrolle und in der Möglichkeit einer iterativen Verwendung des Verfahrens. Der einzige nennenswerte Nachteil liegt im Rechenaufwand für die Aufstellung und Lösung der Gleichungssysteme zur Bestimmung der Interpolationsgewichte. Dieser Nachteil verliert mit der Existenz leistungsfähigerer Computer immer mehr an Bedeutung, jedoch ist er heute noch bei der Entwicklung operativer Systeme zu beachten.

4. Sortier- und Suchalgorithmen als Voraussetzung für die numerische Kontrolle und Analyse

Mit der Berechnung von Analysen meteorologischer Felder auf elektronischen Datenverarbeitungsanlagen entstand das Problem, für die Berechnung des Wertes eines meteorologischen Elementes an vorgegebenen Gitterpunkten (bzw. für zu kontrollierende Werte der Beobachtungsstationen) aus der heterogen über die Erdoberfläche verteilten und vom Programm der primären Datenbearbeitung „anonym" bereitgestellten Information (Boden- und aerologische Beobachtungen, Satellitensondierungen u. a.) eine bestimmte Anzahl Beobachtungen umliegender Stationen zu finden und für die auszuführende Interpolation bereitzustellen. Der benötigte Algorithmus muß zwei Forderungen genügen:

— schnelle Bereitstellung der für die Berechnung des Gitterpunktswertes (bzw. des Schätzwertes bei der horizontalen Kontrolle) geforderten Meldungen aus der räumlich-zeitlichen Umgebung und weiterer benötigter Information,
— Auswahl der „besten" Information aus dem bereitgestellten Informationsangebot, d. h. der Meldungen, die eine Berechnung des Gitterpunktswertes (bzw. des Schätzwertes bei der Kontrolle) mit dem geringsten Fehler erlauben.

Jeder Suchalgorithmus steht in enger Beziehung zu einem Sortieralgorithmus. Dieser Algorithmus sortiert bzw. ordnet die in einem bestimmten Format von der primären Datenbearbeitung bereitgestellten Beobachtungsdaten und andere Informationen gerade nach den

Prinzipien, die ein schnelles Aufsuchen und Bereitstellen der Information ermöglichen. Die Art und Weise der Sortierung der Information entscheidet daher maßgeblich über die Qualität des Suchalgorithmus.

4.1. Sortierung der Beobachtungsdaten und Aufbau der Informationsfelder

Die Problematik läßt sich in drei Komplexe unterteilen:

— die eigentliche Sortierung der Beobachtungsdaten, d. h. die geeignete Abspeicherung der Daten auf entsprechenden Feldern einschließlich des Aufbaus der für den Suchalgorithmus erforderlichen Informationsfelder,
— die Selektion (Auswahl) der Ausgangsinformation (die von der primären Datenbearbeitung in bestimmten Formaten bereitgestellt wurde) hinsichtlich des Meldungseinganges (Korrekturmeldungen, Doppelmeldungen), der zu verwendenden meteorologischen Elemente einer Meldung, des Beobachtungszeitraumes und des Einzugsgebietes (horizontal und vertikal),
— den Aufbau weiterer Informationsfelder für die nachfolgende Verarbeitung der Daten.

Es ist eine Sortierung (wie auch Suche) nach kartesischen, geographischen oder Polarkoordinaten möglich. Bewährt hat sich die Sortierung in ein kartesisches Quadratnetzgebiet, das durch die Anzahl der Quadrate in beide Achsenrichtungen, die Gitterweite der Quadrate und die Lage des Quadratnetzgebietes (Koordinaten des Nordpols im Quadratnetzgebiet, Angabe eines kantenparallelen Meridians) auf der Karte bestimmt ist.

Die Sortierung läßt sich nach zwei Grundprinzipien durchführen, mit einem festen Katalog der zu verwendenden Meldungen oder entsprechend dem tatsächlichen Meldungsangebot. Im ersten Fall wird anhand des Kataloges geprüft, ob die betreffende Meldung im Quadratnetzgebiet liegt und im Angebot enthalten sein soll. Ist das der Fall, wird sie auf dem Speicherplatzbereich des Quadrates, zu dem sie gehört, eingeordnet. Die Abspeicherung erfolgt auf festem Platz. Bei SYNOP-Daten werden nicht alle Meldungen im Gebiet verwendet, da der Katalog zu groß würde. Für den konkreten Termin nicht eingegangene Meldungen werden entsprechend markiert. Dieses Organisationsprinzip wurde mit Beginn der Berechnung numerischer Analysen verwendet (s. ČETVERIKOV 1962, MAŠKOVIČ 1964, BELOUSOV, GANDIN, MAŠKOVIČ 1966), wird aber auch heute noch z. T. benutzt (ARTANOVA, 1975).

Das zweite Prinzip basiert auf der Verwendung der kartesischen Koordinaten, die aus den durch die primäre Datenbearbeitung bereitgestellten oder in der Meldung enthaltenen geographischen Koordinaten errechnet werden, und der Erzeugung der erforderlichen Kataloge und Hilfsfelder auf der Grundlage aller eingegangenen Meldungen für jeden Termin neu (s. STAHNKE-JUNGHEIM, VOLLBRECHT 1975, VOLLBRECHT, STAHNKE-JUNGHEIM 1978). Während beim ersten Algorithmus bei jeder Veränderung des Einzugsgebietes oder Analysegebietes wie auch des Stationsnetzes der Katalog zu ändern ist, ist die zweite Variante gegenüber Änderungen im Stationsnetz unempfindlich und braucht bei Änderungen des Gebietes nur die Lageparameter zu ändern. Die auf kartesische Koordinaten bezogene Arbeitsweise erlaubt ein gleiches Behandeln von Land- und Schiffsstationen, die Einbeziehung der Satellitensondierungen (SATEM-Daten) und die Hinzufügung fiktiver vom Synoptiker erstellter Daten (bogus data — unechte Daten, diese müssen in dem entsprechenden Format zu der bereits vorhandenen Information hinzugefügt werden). Ein weiterer Vorteil der zweiten Methode besteht darin, daß die kartesischen Koordinaten bei den horizontalen Kontrollen und der Gitterpunktsinterpolation sowieso benötigt werde.

Für die Berechnung der Analysen in unserem Zentrum wurde das Koordinatensystem des jeweiligen Quadratnetzgebietes in den stereographischen Azimutalentwurf auf die Ebene durch 60° Nord so gelegt, daß die y-Achse parallel zu einem Meridian nach Süden und die x-Achse nach Osten zeigt. Die Umrechnung der geographischen Stationskoordinaten in die kartesischen Koordinaten erfolgt nach den bekannten Beziehungen (s. z. B. BELOV 1967).

Die Sortierung der Daten verläuft nun folgendermaßen (vgl. VOLLBRECHT, STAHNKE-JUNGHEIM 1978). In einem zweidimensionalen Feld, das ebensoviele Zeilen und Spalten wie das Quadratnetzgebiet besitzt, werden in jeder Zeile die Anfangsadressen der Ausgangsformate der Stationen gespeichert, die in der entsprechenden Zeile des Quadratnetzgebietes liegen. Die Zeilennummer ergibt sich durch Division der y-Koordinate der Station durch die Gitterweite des Quadratnetzgebietes. Die Anzahl der Stationen, die in einer Zeile des Quadratnetzgebietes liegen können, ist durch die Spaltenanzahl beschränkt. Deshalb ist bei der Geopotentialanalyse eine Gitterweite von 300 km oder geringer und bei der Bodendruckanalyse eine Gitterweite von 150 km oder geringer zu wählen. Nach diesem ersten Schritt der Sortierung enthält das Feld in jeder Zeile die Anfangsadressen der Ausgangsformate der Stationen, die aber innerhalb der jeweiligen Zeile noch sortiert werden müssen. Dazu ist ein zweiter Schritt erforderlich. Für jede Zeile wird mittels der in ihr enthaltenen Adressen die Meldung der Station mit der kleinsten x-Koordinaten gesucht. Die für die weitere Verarbeitung benötigte Information dieser Meldung wird in einem bestimmten Format auf ein Hauptspeicherfeld übernommen. Danach wird die Meldung mit der jetzt niedrigsten x-Koordinate gesucht. Stimmen die x- und y-Koordinaten mit der der vorher bereitgestellten Meldung überein, wird folgende einfache und in der Praxis bewährte Auswahl (Selektion des Meldungeinganges) getroffen:

— stimmt der Typ der beiden Meldungen nicht überein, wird auch die zweite Meldung, falls dieser Typ im Informationsangebot enthalten sein soll, übernommen (z. B. TEMP- und SATEM-Meldungen gleicher Koordinaten),
— bei gleichem Meldungstyp wird die zweite Meldung an Stelle der ersten Meldung nur übernommen, wenn die zweite Meldung eine Korrekturmeldung ist, oder, wenn sie keine Korrekturmeldung ist, die erste Meldung mehr Unzuverlässigkeitskennungen als die

zweite Meldung trägt und keine Korrekturmeldung ist.

Die Unzuverlässigkeitskennungen werden in der primären Datenbearbeitung für die meteorologischen Elemente und andere Angaben der Meldung gesetzt, wenn die jeweilige Angabe nicht decodierbar, meteorologisch unmöglich oder nicht vorhanden war.

Gleichzeitig mit dieser Sortierung innerhalb der Zeilen wird in einem zweiten Feld, dessen Dimension mit dem ersten Feld übereinstimmt, die Anzahl der in jedem Quadrat des Quadratnetzgebietes enthaltenen Meldungen gespeichert. Das Quadrat innerhalb der Zeile ergibt sich aus der Division der x-Koordinate der Station durch die Gitterweite des Quadratnetzgebietes. Nach diesem zweiten Schritt stehen alle Meldungen in zeilen- und quadratweiser sortierter Reihenfolge auf einem Hauptspeicherbereich. Im dritten Schritt werden für die Meldungssuche geeignete Felder bereitgestellt. In dem einen Feld wird die zeilenweise kumulative Summe der bis zum jeweiligen Quadrat aufgetretenen Meldungen gespeichert und im anderen Feld die spaltenweise kumulative Summe der bis zum jeweiligen Quadrat aufgetretenen Meldungen. Als Ergebnis der Sortierung entsteht also ein Datenfeld mit den Meldungsformaten und zwei Felder mit Hilfsinformation, wobei das eine Feld gerade die relativen Adressen der Formate auf dem Ausgangsfeld enthält. Mit diesen Angaben irt es dann später leicht, die gesuchte Information zu finden.

Neben der Auswahl des Meldungseinganges bezüglich Doppelmeldungen und Korrekturmeldungen werden während der Sortierung auch die anderen Selektionen vorgenommen. Bei SATEM-Daten wird geprüft, ob als Referenzfläche das 1000-mbar-Niveau angegeben ist, da mit dieser Fläche die Umrechnung der gemeldeten relativen Topographien in absolute Topographien erfolgt. Anderenfalls werden diese Daten nicht verwendet. An Hand der kartesischen Koordinaten wird die Zugehörigkeit der Daten zum Quadratnetzgebiet geprüft und an Hand des Beobachtungs- bzw. Sondierungszeitpunktes entschieden, ob die Meldung im gesuchten Beobachtungszeitraum liegt. SATEM-Daten werden bis zu einer Terminabweichung von sechs Stunden verwendet. Nach positivem Ausgang dieser Prüfungen werden die geforderten meteorologischen Elemente bis zu der gewünschten Isobarfläche (bei TEMP- und SATEM-Daten) und weitere benötigte Information in ein neues Format übernommen. Dieses variable Format enthält die kartesischen Koordinaten, den Stationsindex bzw. den Wetterschiffsbuchstaben und bei SATEM-Daten die Abweichung der Sondierungszeit vom meteorologischen Termin, die Daten der gewünschten meteorologischen Elemente in den verschiedenen Niveaus, Unzuverlässigkeitskennungen für die einzelnen Angaben (aus den Prüfungen der primären Datenbearbeitung), den Platz für die Prüfkennungen der nachfolgenden Kontrollen sowie organisatorische Kennungen. Die Länge des Datenformates nach Abschluß der Sortierung hängt ausschließlich von der Zahl der zu verwendenden Elemente (z. B. nur Geopotential oder Geopotential, Wind und Temperatur) und von der Anzahl der Niveaus ab.

Nun einige Bemerkungen zur Lage des Quadratnetzgebietes und zur Größe der Sortierquadrate. Die Lage des Gebietes, seine Größe und die seiner Sortierquadrate ist innerhalb gewisser Grenzen variabel. Zur Vermeidung von Extrapolationen am Rand des Analysegebietes muß das Quadratnetzgebiet das Analysegebiet in Abhängigkeit von der Lage des Analysegebietes und vom zu analysierenden Element mit einem Rand umgeben. Er beträgt bei unserem Analysegebiet für die Regionalprognose (20,3° N, 25,4° W; 26,3° N, 34° E; 46° N, 78,2° W;, 61,9° N, 97,4° E) und einer Gitterweite des Quadratnetzgebietes von 150 km bei der Bodenanalyse 225 km an allen vier Seiten und bei der Geopotentialanalyse im Westen 825 km, im Norden 675 km, im Osten 375 km und im Süden 225 km. Das Quadratnetzgebiet wiederum muß von dem Grundfeldgebiet — es enthält die statistischen Mittelwerte für die Ausführung der optimalen Interpolation — mit einem so großen Rand umgeben sein, der es erlaubt, auch differentielle Größen z. B. die Normwerte der Gradienten für am Rande des Quadratnetzgebietes liegende Stationen, zu berechnen.

Die Wahl der Größe der Sortierquadrate wird in erster Linie durch die maximale Meldungszahl pro Zeile des Quadratnetzgebietes bestimmt. Günstig ist es, wenn die Gitterweite des Quadratnetzgebiete und des Analysegebietes übereinstimmt oder ein ganzzahliges Viefaches ist, denn dann ist es möglich, den Gitterpunkt in die Mitte der Sortierquadrate zu legen, was einer symmetrischen Anordnung der Beobachtungsdaten um den Gitterpunkt entgegenkommt. Die Größe der Sortierquadrate soll weiterhin so gewählt werden, daß mit vertretbarem Aufwand eine bestimmte Gebietsgröße abgesucht werden kann. Aus diesen Gründen wurde für die Geopotentialanalyse und die Bodenanalysen die Größe der Sortierquadrate mit einer Kantenlänge von 150 km gewählt.

Fragen der Symmetriesierung und der Auswahl der Information aus dem bereitgestellten Angebot für die Durchführung der Interpolation lassen sich nicht durch Veränderung der Sortierquadrate lösen, sondern sie beeinflussen nur die Effektivität der Datenbereitstellung. Diese Probleme müssen durch den Suchalgorithmus und die dazugehörige Symmetriesierungsprozedur gelöst werden.

Zum Abschluß der Sortierung werden für die Werte des Massenfeldes die Abweichungen dieser Werte von ihrem Grundfeldwert (klimatologischer Normalwert oder eine erste Näherung durch eine Analyse oder Prognose) gesetzt. Das erfordert für die relativen Topographien der SATEM-Daten zuerst die Errechnung der absoluten Werte durch Addition des Referenzniveaus, der 1000-mbar-Fläche. Es wird entweder eine schon zur Verfügung stehende Bodendruckanalyse oder die Prognose des Vortermins genutzt.

Weiterhin werden nach Abschluß der Sortierung für die nachfolgenden Kontrollen und die Gitterpunktsinterpolation Daten auf Feldern und auf schnellen externen Speichern bereitgestellt. Es handelt sich dabei um die Grundfeldwerte, Prognosewerte einschließlich eines Prognosefehlers und um jahreszeitlich- und ortsabhängige klimatologische Dispersionen für die zu betrachtenden Orte der Kontrolle und Analyse.

Durch die Sortierung sind nicht nur die Voraussetzungen für die meteorologische Verarbeitung der Beobachtungsdaten gegeben, es ist auch eine Einschätzung des Informationsangebotes möglich, woraus sich Maßnahmen für die Verarbeitung der Information ergeben können, wie z. B. Abbruch der Rechnung bei zu wenig Meldungen.

Die Rechenzeit für die Sortierung der Beobachtungsdaten und den Aufbau der weiteren Informationsfelder beträgt bei einem Quadratnetzgebiet von 60 × 50 Quadraten in Abhängigkeit von der Zahl der Beobachtungen (etwa 200 aerologische und 1000 synoptische Stationen im Gebiet) zwischen 30 und 60 Sekunden auf der EDVA BESM-6. Die Sortierung ist relativ speicherplatzaufwendig, deshalb wird sie im Analyseprogrammpaket als ein Segment realisiert, so daß nach der Sortierung nur je 3000 Speicherplätze für die beiden genannten Felder sowie etwa 6500 Worte für das Datenfeld (das entspricht etwa 250 TEMP-Meldungen mit Geopotential- und Winddaten in vier Niveaus einschließlich der Ortsangaben und Unzuverlässigkeitsangaben) benötigt werden. Dieser residente Speicherplatz ist fast der gesamte für Felder benötigte Speicherplatz zur Durchführung der Kontrollen und Analysen. Er ist bei für Anwenderprogramme zur Verfügung stehendem Hauptspeicher von maximal 29 K Worten vertretbar.

4.2. Suchalgorithmen zum Auffinden und Bereitstellen der benötigten Information

Die bis zur Mitte der 70er Jahre bekannten Suchalgorithmen zum Auffinden der für die Kontrollen und Analyse benötigten um einen Gitterpunkt bzw. um eine zu kontrollierende Station umliegenden Beobachtungsdaten wiesen zwei prinzipielle Mängel auf:

— Die Suchalgorithmen unterscheiden nicht zwischen Gebieten mit unterschiedlicher Informationsdichte, d. h., auch in Gebieten mit geringer Informationsdichte wird nach dem gleichen Algorithmus wie in Gebieten mit hoher Informationsdichte gesucht. Bei der Verwendung eines Quadratnetzgebietes bedeutet dieses, daß ein Sortierquadrat nach dem anderen nach einem bestimmten Prinzip (s. STAHNKE-JUNGHEIM, VOLLBRECHT 1975) abgesucht wird. Das erfordert im Gebiet mit geringer Netzdichte (z. B. Atlantik) einen erheblichen Zeitaufwand für das Finden einer Beobachtung.
— Es erfolgt erst nach Bereistellung der geforderten Meldungen eine Symmetriesierung der um den Ausgangspunkt (den Gitterpunkt bzw. die zu kontrollierende Station) umliegenden Beobachtungen. Weitere Daten werden bei Nichterfüllung der quasisymmetrischen Anordnung bereitgestellt und andere schon vorhandene Beobachtungen ausgeschlossen, bis die Symmetrieforderung erfüllt ist. Dieser Vorgang ist nicht nur algorithmisch kompliziert und rechenzeitaufwendig, sondern bedeutet auch, Suchvorgänge umsonst durchgeführt zu haben. Eine quasi-symmetrische Anordnung der Information um den Ausgangspunkt ist erforderlich, um in den Grenzbereichen von Gebieten mit unterschiedlicher Netzdichte Extrapolationen zu vermeiden.

An einen neuen Suchalgorithmus ergaben sich also folgende Forderungen:

— Beschleunigung der Suche, insbesondere in Gebieten mit geringem Meldungsangebot,
— symmetrische Bereitstellung der Information um den Ausgangspunkt durch den Suchalgorithmus bereits während des Suchprozesses,
— automatische Auswahl der Art und Anzahl der umliegenden Information für die Interpolation in Abhängigkeit von der Netzdichte.

Die Beschleunigung der Suche wurde durch folgende drei Eigenschaften des Algorithmus erreicht (s. VOLLBRECHT, STAHNKE-JUNGHEITM 1978; der besondere Anteil von VOLLBRECHT bei der Lösung dieses Problems sei hier hervorgehoben):

— Absuchen von Zeilen- und Spaltenabschnitten des Quadratnetzgebietes anstatt quadratweiser Suche, d. h., mit einer Suchoperation (Frage) wird bei immer größerer Entfernung vom Ausgangspunkt ein immer größeres Gebiet erfaßt,
— Möglichkeit des quadrantweisen Suchens neben der Rund-um-Suche zur schnellen und gezielten Bereitstellung benötigter Information zur quasi-symmetrischen Anordnung der Beobachtungsdaten um den Ausgangspunkt,
— direkte Adressierung der gefundenen Daten über ihre relativen Adressen bezüglich der Anfangsadresse des Datenfeldes (in Form der Anzahlen in einem der bei der Sortierung erzeugten Felder).

Die Suche selbst läuft so ab, daß zunächst das Quadrat, in dem der Gitterpunkt oder die zu kontrollierende Station liegt, auf Beobachtungsdaten abgefragt wird. Dazu wird dem entsprechenden Feld entnommen, wieviel Meldungen bis zum betreffenden Quadrat und wieviel Meldungen bis zum vorhergehenden Sortierquadrat aufgetreten sind. Die Differenz gibt die Anzahl der Meldungen im nullten Quadrat an. Da die Meldungen sortiert sind, weiß man mit Hilfe der Anzahl (bis zum vorhergehenden Quadrat) sofort, an welcher Stelle die Meldungen im Datenfeld zu finden sind. In analoger Weise wird festgestellt, wieviel Meldungen in 2, 3, 4, ... nebeneinander liegenden Quadraten einer Zeile oder Spalte liegen und wo sie auf dem Datenfeld zu finden sind. Das Feld der spaltenweise kumulativen Anzahlen dient also nur zur Beschleunigung der Suche. Wir sehen, bei der Suche spielen die in den beiden Feldern enthaltenen Anzahlen eine bedeutende Rolle. Aus diesem Grunde wurde auch auf ein „Packen" (Darstellung mehrerer Zahlen in einem Speicherplatz (Wort) durch Dualdarstellung ihrer Ziffern) der Anzahlen und das dann mehrfach notwendige Auspacken für die erforderlichen Opperationen im Interesse einer hohen Rechengeschwindigkeit verzichtet, d. h., die Anzahlen werden als Integer-Zahlen verwendet. Der größere Speicherplatzbedarf ist vertretbar und wird durch die erhebliche Beschleunigung des Algorithmus gerechtfertigt.

Die Suche wird bis zu einem Maximalabstand durchgeführt, bei dem die Korrelation der Beobachtung zum Ausgangspunkt noch zu berücksichtigen ist (Wert der Autokorrelationsfunktion größer als 0,1). Entfernter liegende Stationen werden nicht verwendet. Bei der Geopotentialanalyse beträgt dieser Abstand 3000 km, bei der Bodendruckanalyse ist er 2000 km, jedoch besteht hier dieses Problem nicht, da auf Grund der höheren Netzdichte und der geringeren Anzahl an der Interpolation beteiligter Beobachtungen immer die gewünschte Information in vertretbarem Abstand (auch über dem Atlantik) zur Verfügung steht. Ähnliches gilt auch für die Drucktendenzanalyse, obwohl hier der relevante Einflußradius nur 1700 km beträgt.

Dem Suchalgorithmus ist mitzuteilen, ob der Suchvorgang einer horizontalen Kontrolle oder der Gitterpunktsinterpolation dient, da im ersteren Fall die zu kontrollierende Station natürlich nicht als umliegende bereitgestellt werden darf.

Bei der Suche der geforderten Information werden grunsätzlich die in der Sortierung gebildeten Formate vollständig bereitgestellt. Teile dieser Formate, z. B. bestimmte meteorologische Elemente, werden nicht ausgewählt. Die Selektion der meteorologischen Elemente wird gerade während der Sortierung vorgenommen.

Die symmetrische Bereitstellung der Information um den Ausgangspunkt bereits während des Suchprozesses wird durch die Möglichkeit des quadrantweisen Suchens des Suchalgorithmus erfüllt, d. h., es werden während der Bereitstellung der einzelnen Daten deren Anordnung bezüglich des Ausgangspunktes festgestellt und dann die restlichen benötigten Daten in den zur Symmetriesierung nötigen Quadranten gesucht.

Die Symmetriesierungsforderung ist abhängig von der Beobachtungsdichte einschließlich der Lage der Beobachtungen bezüglich des Ausgangspunktes und vom meteorologischen Element bzw. der Informationsart mit ihrem Fehler.

Im folgenden sollen die Erfahrungen und Ergebnisse bei der Realisierung der Symmetriesierung für die Bodendruckanalyse und Geopotentialanalyse dargelegt werden. In dem Modell der Bodendruckanalyse (vergl. KLUGE, STAHNKE-JUNGHEIM, VOLLBRECHT 1977) wurde noch der Suchalgorithmus realisiert, der nacheinander die um das Ausgangsquadrat gelegenen Quadrate nach Meldungen absucht (Rund-um-Suche). Ist die geforderte Anzahl von Meldungen gefunden, wird die Suche beendet. Unter Verwendung dieses Algorithmus wurden beim Betrachten des Analyseergebnisses in bestimmten Gebieten (Küstennähe, Zentrum „leerer" Gebiete) z. T. erhebliche Isoliniendrängungen bemerkt, die auf Sprünge im Analysefeld durch Veränderungen im Informationsangebot beim Übergang von einem Gitterpunkt zum anderen und auf Extrapolationen hinwiesen. Derartige Effekte wirken sich auch auf die Kontrolle der Daten negativ aus. Folgende Maßnahmen wurden durchgeführt, diese Mängel zu beheben (vgl. dazu LIBERMAN, 1977):

1. Erfüllung der Symmetriesierung durch Einsortierung von 0—2 Meldungen in jedes Quadrat des Quadratnetzgebietes. Das erfordert unterschiedliche Gitterweiten des Sortiergebietes über Europa von 50 km und über dem Atlantik von 150 km. Zur Gewährleistung einer symmetrischen Anordnung soll der Inhalt dieser Quadrate gleichberechtigt bereitgestellt werden. Diese Maßnahme löste einen Teil der Probleme, führte aber wieder zu neuen Extrapolationen, da eine Reihe entfernter Stationen aus dem Atlantik für küstennahe Interpolationen bereitgestellt wurde.
2. Verwendung einer einheitlichen Gitterweite im Quadatnetzgebiet von 50 km zur Vermeidung des Nachteils der ersten Variante. Neben der langen Suche in Gebieten mit geringem Meldungsangebot (es wird mehr Zeit für die Suche als für die Lösung des Gleichungssystems benötigt) traten über Seegebieten erhebliche Extrapolationen dadurch auf, daß z. B. bei einem Gitterpunkt nur Meldungen aus Grönland und bei dem nächsten Gitterpunkt nur Meldungen aus Norwegen verwendet wurden. Es wurde ersichtlich, daß eine Veränderung der Gitterweite nicht das Problem der Symmetriesierung lösen kann. Es muß die Lage der umliegenden Stationen geprüft werden.
3. Prüfung der Lage der Stationen nach einem Schseck. Es wurde eine einheitliche Gitterweite des Quadratnetzgebietes von 150 km gewählt. Die Fläche um den Ausgangspunkt wurde in sechs Sektoren mit einem Öffnungswinkel von jeweils 60° eingeteilt. Die Forderung nach Symmetrie soll erfüllt sein, wenn mindestens zwei gegenüberliegende Sektoren oder jeder zweite der sechs Sektoren mit Meldungen (Druckwerten) belegt sind. Dabei wird für jede neue Meldung, die in einem bisher nicht belegten Sektor liegt, die dem Ausgangspunkt entfernteste und in einem Sektor mit mindestens noch einer Meldung liegende Meldung gestrichen. Damit sind die Fehler der Variante 2 behoben. Jedoch tritt in einigen Fällen ein unruhiger Isolinienverlauf aus.
4. Der unruhige Isolinienverlauf von Variante 3 wurde dadurch vermindert, indem die Symmetrieforderung auf die Belegung von mindestens zwei Sektoren, die nicht direkt nebeneinanderliegen, reduziert wurde.
5. Die Beseitigung aller negativen Effekte einschließlich eines unreal unruhigen Isolinienverlaufs wurde erst erreicht, als das iterative Analyseverfahren (s. STAHNKE-JUNGHEIM, 1979) eingeführt wurde, das darauf basiert, ein informativeres Grundfeld (eine vorläufige Analyse) als die Klimanormwerte zu verwenden.

Aus den Erfahrungen der Bodendruckanalyse erwuchs also gerade die Forderung, einen Suchalgorithmus zu entwickeln, der die Möglichkeit bietet, nur in bestimmten Gebieten Meldungen zu suchen, das heißt einen Algorithmus, der die Symmetriesierung erheblich erleichtert. Bei Anwendung des für die Geopotentialanalyse realisierten quadrantweisen Suchprinzips auch für die Bodendruckanalyse ist eine neue Symmetriesierungsforderung zu erarbeiten. Eine Forderung von drei mit Meldungen belegten Quadranten ist bei der Meldungsdichte am Boden nicht erforderlich und würde teilweise zu Verfälschungen führen, jedoch bei zwei belegten Quadranten kann es gerade zu Extrapolationen kommen.

Die Untersuchung des Problems der Symmetriesierung für die Geopotentialanalyse ergab, daß bei hoher Informationsdichte (Definition s. unten) eine Symmetriesierung nicht erforderlich ist, da wegen der Nähe der Meldungen Extrapolationen nicht zu erwarten sind. Das steht genau im Gegensatz zur Bodendruckanalyse, wo gerade bei näher gelegenen Meldungen bis 1000 km Entfernung durch die extrem hohe Netzdichte die Symmetriesierung erforderlich ist. Bei „normaler" und „geringer" Netzdichte der aerologischen Beobachtungen ist eine Symmetriesierung notwendig. Es erwies sich als ausreichend, wenn gefordert wird, daß zwei gegenüberliegende Quadranten mit Hauptinformation (geringster Beobachtungsfehler der verwendeten Information, TEMP Part A-Geopotentialwerte) belegt sind. Dabei wird die im nullten Quadrat liegende Hauptinformation nicht zur Klärung der Symmetrie benutzt. Die Anzahl und Art von Zusatzinformation (größerer Fehler als die Hauptinformation, TEMP Part A-Winddaten, SATEM-Geopotentialdaten, Prognosedaten des Geopotentials, evtl. bogus data) wird nicht berücksichtigt. Falls die geforderte Anordnung nicht vorliegt, realisiert der Suchalgorithmus automatisch die weitere Suche nur in den nicht mit Hauptinformation belegten Quadranten. Tritt der Fall auf, daß mit Erfüllung der Symmetrieforderung mehr als die geforderte Anzahl von Hauptinformationen vorliegt (mehrere Meldungen in einem Zeilen- bzw. Spaltenabschnitt), so werden die entferntesten gestrichen.

Ein Vorschlag von ARTANOVA (1975), alle Meldungen mit einem gewissen Abstand vom Analysegebiet willkürlich in die äußeren Quadrate ihres mit dem Analysegebiet fast identischen Sortiergebietes einzuordnen, führt einmal dazu, daß bei bestimmten Situationen anstelle von näher gelegenen Stationen die willkürlich in die Quadrate eingeordneten Meldungen bereitgestellt werden, und verhindert weiterhin jegliche Symmetriesierung. Dieses Problem ist nur durch ein mit einem ausreichenden Abstand das Analysegebiet umgebendes Sortiergebiet zu lösen.

Durch den vorgestellten Suchalgorithmus mit allen seinen Eigenschaften ist die Möglichkeit gegeben, unterschiedliche Netzdichten nach bestimmten Kriterien zu bestimmen. Folgende Definition von vier Netzdichten hat sich als günstig für die daran anschließende Auswahl der Information erwiesen und in der Praxis bewährt (s. KLUGE, STAHNKE-JUNGHEIM, VOLLBRECHT 1980):

1. Meldung liegt quasi im Gitterpunkt: Im Sortierquadrat (150 km Kantenlänge) liegt mindestens eine Hauptinformation, d. h., der maximale Abstand zum Gitterpunkt beträgt $75\sqrt{2}$ km.
2. Hohe Netzdichte: In einem um den Ausgangspunkt liegenden Quadrat von 750 km Kantenlänge liegen mindestens drei Hauptinformationen.
3. Normale Netzdichte: In einem um den Ausgangspunkt liegenden Quadrat von 750 km Kantenlänge liegen weniger als drei Hauptinformationen, aber bis zum angegebenen Maximalabstand der zu verwendenden Information wird die geforderte Anzahl gefunden.
4. Geringe Netzdichte: Die gewünschte Meldungsanzahl wird bis zum Maximalabstand bei der Suche der Information nicht gefunden.

Die Auswahl der Art und Anzahl der umliegenden Information für die Interpolationen bei den horizontalen Kontrollen und der Berechnung der Gitterpunktswerte geschieht in Abhängigkeit von den genannten Netzdichten und der Analyse-Prognose-Technologie. Das verlangt umfangreiche Modellteste mit den prinzipiell zu verwendeten Informationsarten in Abhängigkeit von ihrem aktuell zur Verfügung stehenden Informationsumfang (besonders bei SATEM-Daten). Die Ergebnisse der Modellteste, d. h. die konkrete Festlegung der Art und Anzahl der zu verwendenden Daten für die Kontrollen und die Gitterpunktsinterpolation, werden dann im Suchalgorithmus implementiert, so daß die Bereitstellung der gewünschten Daten nach Art und Anzahl während der Suche automatisch erfolgen kann.

Durch diese Regeln, die durch Modellteste gewonnen wurden, wird der notwendige Kompromiß zwischen Informationsverwertung und Rechenzeit geschlossen. Einerseits wird durch die Regeln der Umfang der Information beschränkt, um eine vertretbare Rechenzeit zu erreichen, eine unnötige Glättung des Feldes und die Gefahr des „ill-conditioned" zu vermeiden und andererseits eine solche Auswahl der Information vorgenommen, daß der tatsächliche Interpolationsfehler nur unwesentlich vom theoretisch möglichen abweicht, der nur durch Probieren, d. h. durch die Berechnung einer Reihe von Informationskombinationen der unterschiedlich genauen Daten für jeden Gitterpunkt zu erreichen wäre. Der durch die aufgestellten Regeln möglicherweise aufgetretene Informationsverlust darf bezüglich des Analyseergebnisses nicht relevant sein.

Die konkrete Festlegung der bei den Kontrollen und der Analyse verwendeten Information ist den entsprechenden Abschnitten zu entnehmen.

Der vorgestellte Suchalgorithmus ist durch seine Eigenschaften gegenüber bisher üblichen Algorithmen über Gebieten mit hoher Netzdichte (z. B. Europa) etwa doppelt so schnell und über Gebieten mit normaler bzw. geringer Netzdichte (z. B. Atlantik) bis zehnmal schneller. Dieses läßt sich auch dadurch verdeutlichen, daß bei einer Gitterweite des Sortiergebietes von 150 km und 60×50 Quadraten das gesamte Sortiergebiet bei einer Rund-um-Suche mit 3000 Abfragen erfaßt ist, während der neue Suchalgorithmus nur 119 Fragen benötigt.

Als letztes sei bemerkt, daß bestimmte Informationen wie die Prognosedaten des Geopotentials einschließlich ihres Fehlers, die Grundfeldwerte und die klimatologischen Dispersionen nicht durch den Suchalgorithmus ermittelt werden. Sie sind direkt den jeweiligen Feldern zu entnehmen.

5. Kontrolle der meteorologischen Information

Zum Ausschluß fehlerhafter meteorologischer Daten ist vor der Berechnung der Analyse eine Kontrolle der bei der Gitterpunktsinterpolation zu verwendenden meteorologischen Elemente notwendig. Diese Kontrolle zielt auf die Beseitigung von Meßfehlern, Codierungsfehlern und Übertragungsfehlern sowie auf im technologischen System der numerischen Wettervorhersage entstandene Fehler.

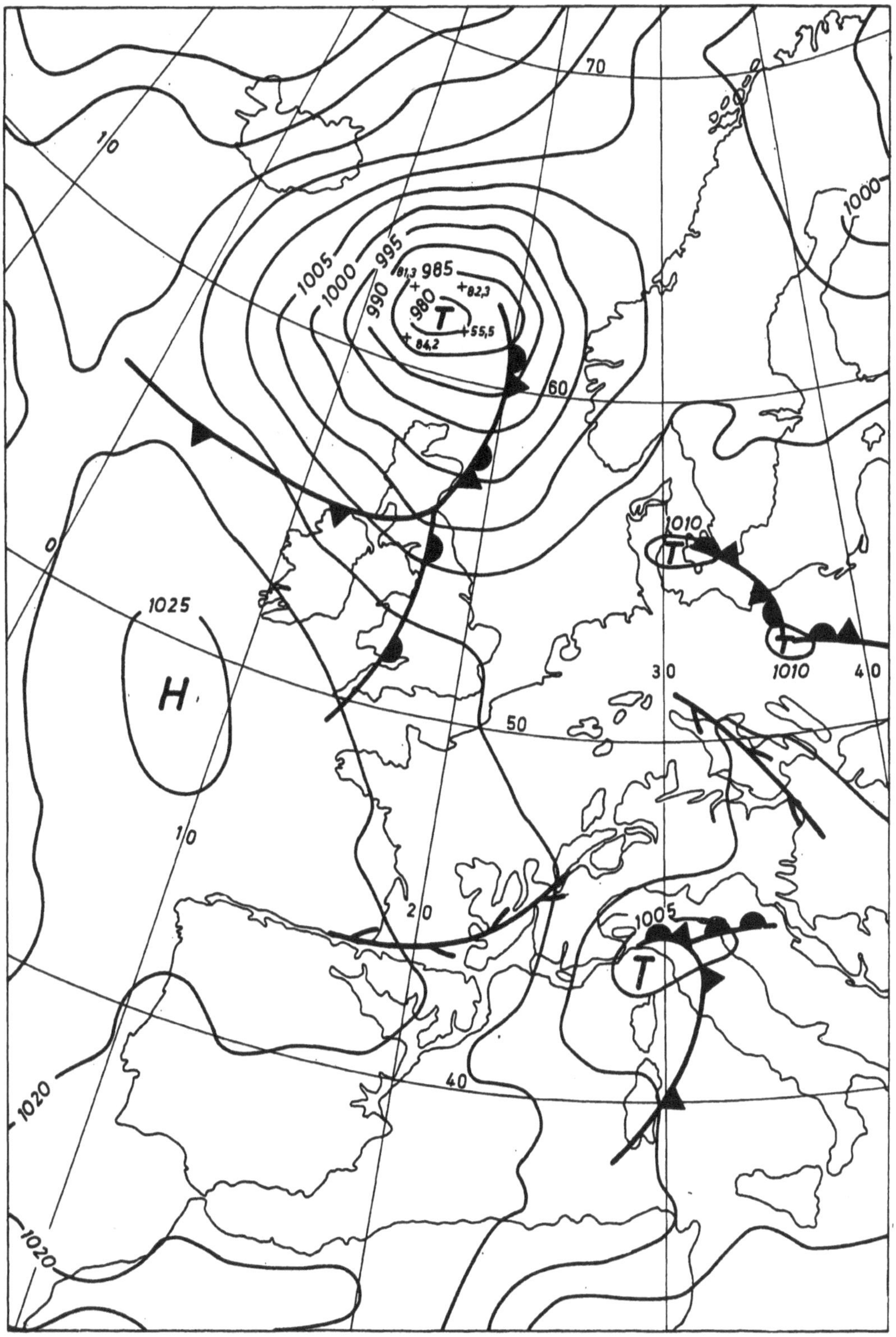

Abb. 2. Bodendruckanalyse Potsdam, 18. 3. 1981, 0^{00} GMT

Die Datenkontrolle hat international immer noch nicht den ihr gebührenden Rang. In der Vergangenheit bis etwa Mitte der siebziger Jahre wurde die Datenkontrolle in den meteorologischen Zentren vernachlässigt. Der Schwerpunkt lag eindeutig auf der Verbesserung der Prognosemodelle, vor allem durch Einführung von „Zusatzphysik". Erst spät wurde erkannt, daß die dadurch erzielte Verbesserung der Prognosequalität nicht bzw. nur sehr begrenzt den Verlust an Daten durch ungenügende Kontrollen, aber auch durch eine unzureichende Erkennung in der primären Datenverarbeitung kompensieren kann. Die in unserem Zentrum a priori vorhandene Zielstellung, die Aussonderungsquote der Meldungen, besonders der meteorologisch relevanten, während der Kontrollen konsequent zu senken, setzt sich in den letzten Jahren auch interna-

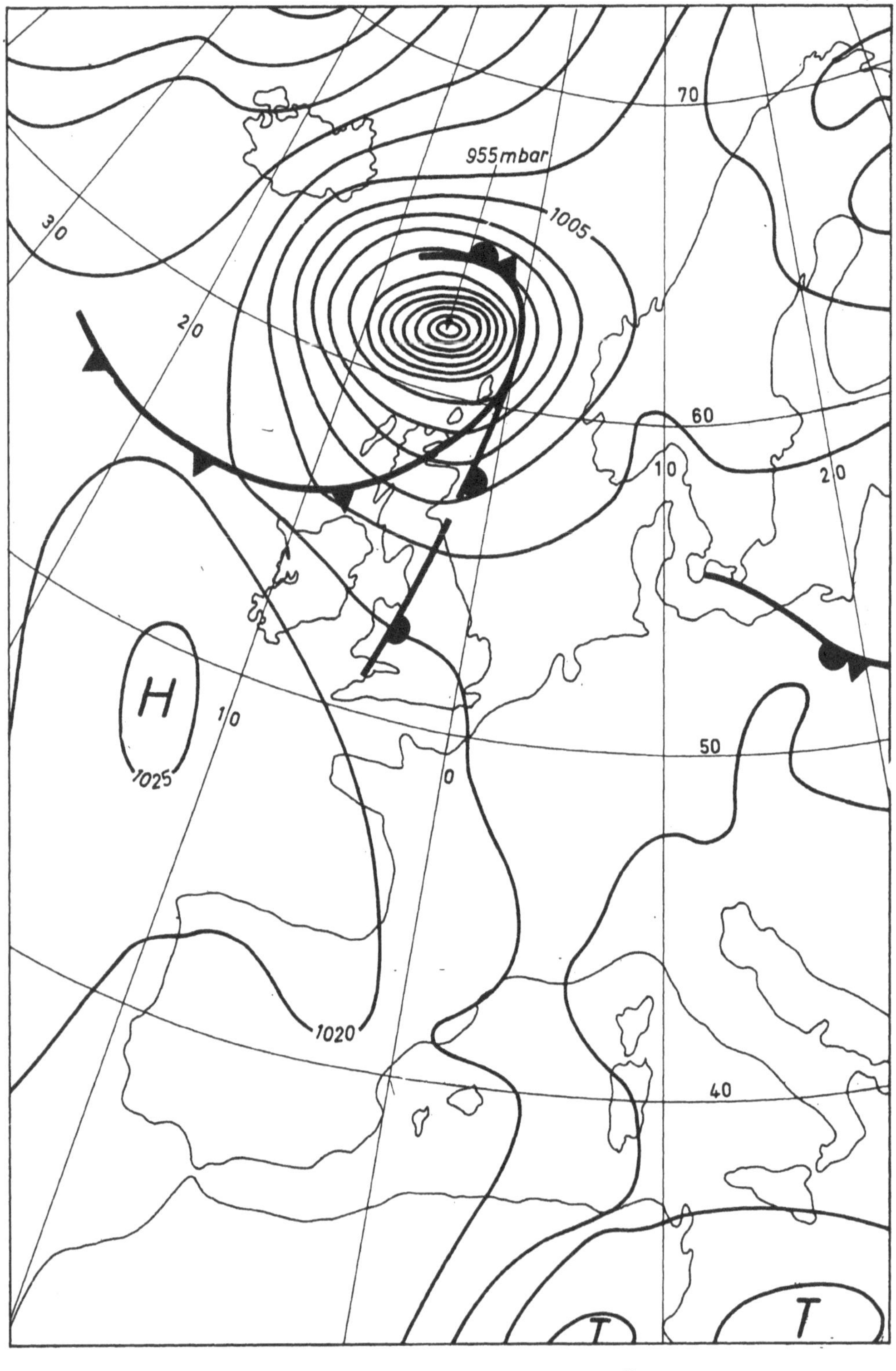

Abb. 3. Bodendruckanalyse Offenbach, 18. 3. 1981, 0^{00} GMT

tional mehr und mehr durch. Denn gerade durch die Qualität der Kontrollen wird maßgeblich die Qualität des Endproduktes mitbestimmt. Besonders die Kontrolle isolierter und/oder extremer Beobachtungsdaten fordert leistungsfähige Kontrollen, da ein Verwerfen dieser (richtigen) Werte zu drastischen Fehlern in der Analyse führt. Dagegen entstehen durch das Nichtverwerfen „etwas" falscher Werte nur geringe Fehler.

Darüber hinaus benötigt jedes automatisierte technologische System prinzipiell Kontrollen, da durch Mängel in beteiligten Projekten (primäre Datenverarbeitung, Prognose usw.), durch Fehler während der Abarbeitung des technologischen Prozesses (kurzzeitiger Rechnerausfall, Teilausfall bestimmter Speichermedien u. a.) und durch Zufallsfehler fehlerhafte Daten entstehen bzw. entstehen können, die eliminiert werden müssen.

Ein eindrucksvolles Beispiel der Notwendigkeit einer wirksamen Kontrolle sind die Bodendruckanalysen vom

18. 3. 81, 0^{00} GMT der Zentren Offenbach und Potsdam. Während die Kontrollprozedur des Zentrums Potsdam die fehlerhafte Beobachtung eines Handelsschiffes von 955,5 mbar verwirft, bleibt dieser Wert nach der Kontrollprozedur des Zentrums Offenbach erhalten und führt zu einer völlig unsinnigen Analyse (s. Abb. 2 und 3).

Im folgenden werden nun Verbesserungen und Neuentwicklungen von Kontrollprozeduren für die Elemente Geopotential, Bodendruck und Wind sowie teilweise für die Elemente Drucktendenz und Temperatur beschrieben. Es wird für die Datenkontrolle überwiegend die Methode der optimalen Interpolation verwendet. Ausgehend von der im NMZ der DDR realisierten technologischen Struktur (s. Abb. 1, Struktur A) des Systems der numerischen Wettervorhersage handelt es sich dabei ausschließlich um horizontale Kontrollen. Die vertikale Kontrolle der Geopotential- und Temperaturwerte des TEMP PART A erfolgt in der primären Datenbearbeitung (vgl. GERICKE, 1978); es wird die von HINKELMANN (1969) angegebene hydrostatische Prüfung verwendet. Die Entscheidungen bei den horizontalen Kontrollen werden im wesentlichen nach dem K.o.-Prinzip getroffen. Das ist eine Folge von Kontrollen und Entscheidungen für das jeweilige meteorologische Element bei keiner (bzw. nur einfacher) Berücksichtigung der vorangegangenen Kontrollergebnisse.

5.1. Horizontale Kontrolle des Massenfeldes

Die horizontale Kontrolle der Beobachtungsdaten des Geopotentials, des Bodendrucks, der Temperatur und auch der (dreistündigen) Drucktendenz basiert auf der bekannten Prüfbedingung (vgl. GANDIN 1963, BELOUSOV, GANDIN, MAŠKOVIČ 1966):

$$|\tilde{f} - f^+| \leqq K\sigma\sqrt{\varepsilon^2 + \eta^2}\,, \qquad (7)$$

mit

$$f^+ = \sum_{i=1}^{n} p_i \tilde{f}_i\,. \qquad (8)$$

$\tilde{f}_i$ ist die Abweichung des beobachteten zu kontrollierenden meteorologischen Elementes von seinem Grundfeldwert und f^+ die Schatzgröße, die durch optimale Interpolation aus n Abweichungen $\tilde{f}_i$ gleicher meteorologischer Elemente von in der räumlich-zeitlichen Umgebung liegenden Beobachtungen bzw. Sondierungen errechnet wird. Der absolute Betrag der Differenz zwischen der Beobachtung und der Schätzgröße wird nun mit einer Toleranz verglichen, die von der klimatologischen (geographisch-, niveau- und jahreszeitlich abhängigen) Dispersion σ und dem relativen Beobachtungsfehler η^2 des zu kontrollierenden meteorologischen Elementes, dem theoretischen Interpolationsfehler ε^2 der jeweiligen Interpolation und von weiteren Parametern abhängt, die durch die Größe K — differenziert hinsichtlich des zu kontrollierenden meteorologischen Elementes — repräsentiert werden.

Voraussetzung für die Berechnung der Schatzgröße ist wie bei jeder optimalen Interpolation die Kenntnis der statistischen Struktur und der statistischen Mittelwerte des jeweiligen meteorologischen Feldes. Als letztere werden in der Beziehung (8) die orts- und jahreszeitlich abhängigen klimatologischen Normalwerte verwendet. Die Kontrolle läuft nun wie folgt ab. Ist die Beziehung (7) erfüllt, so wird der zu kontrollierende Wert als richtig angenommen, im anderen Fall kann einmal der zu kontrollierende Wert falsch sein oder durch Fehler unter den umliegenden Werten eine fehlerhafte Schätzgröße ermittelt worden sein. Deshalb wird eine $(n + 1)$te Beobachtung bereitgestellt und nacheinander eine der n Beobachtungen durch diese ersetzt und jeweils die Berechnung des Schätzwertes neu ausgeführt. Ist die Beziehung (7) dabei einmal erfüllt, so gilt die zu kontrollierende Meldung als richtig, im anderen Fall (Beziehung (7) ist nie erfüllt) wird die zu kontrollierende Größe als falsch verworfen.

In Abhängigkeit von der vertikalen statistischen Struktur des betrachteten meteorologischen Feldes können die Interpolationsgewichte p_i für nur eine Niveaufläche, für mehrere oder sogar für alle vorgesehenen Niveauflächen berechnet werden.

Gleiches ist bei hinsichtlich des Endergebnisses zu vernachlässigenden Unterschieden in der statistischen Struktur unterschiedlicher Elemente (wie z. B. Bodendruck, Bodentemperatur, Bodentaupunkt) möglich. Durch so einen einheitlichen Gewichtesatz, z. B. bei der Geopotentialkontrolle für die Flächen 850, 700, 500, 300 mbar, wird Rechenzeit eingespart. Das verlangt jedoch, als umliegende Beobachtungen bzw. Sondierungen nur in der Vertikalen vollständige Datensätze zu verwenden bzw. bei gleichzeitiger Kontrolle mehrerer Elemente das Vorhandensein dieser Elemente an jeder der umliegenden Stationen. Das kann sich in bestimmten Situationen nachteilig auf das Kontrollergebnis auswirken.

5.1.1. Verbesserung des horizontalen Kontrollalgorithmus für die Elemente Bodendruck, Geopotential und Drucktendenz

Die horizontale Kontrolle des *Bodendruckes* wurde seit der Berechnung numerischer Bodendruckanalysen in unserem System der numerischen Wettervorhersage schrittweise verbessert. Begonnen wurde 1975 mit einem Algorithmus, der schon über die oben beschriebene Prozedur hinausgeht (s. KLUGE, STAHNKE-JUNGHEIM, VOLLBRECHT 1977). In dem Fall, bei dem nämlich nach dem Ersetzen der n-ten umliegenden Beobachtung durch die $(n + 1)$te Beobachtung, die Ungleichung nicht erfüllt ist, wird der zu kontrollierende Wert noch nicht verworfen, denn es könnte auch der $(n + 1)$te Wert falsch gewesen sein. In diesem Fall wird geprüft, ob die $(n + 1)$te Beobachtung schon kontrolliert und damit richtig war (denn es nehmen keine verworfenen Werte an nachfolgenden Interpolationen teil). Trifft das zu, wird die zu kontrollierende Beobachtung verworfen, da nun ausgeschlossen ist, daß durch *eine* falsche Beobachtung das Kontrollergebnis verfälscht sein kann. Ist der (n + 1)te Druckwert noch nicht kontrolliert, wird geprüft, ob die zu kontrollierende Meldung ein von der primären Datenbearbeitung gesetztes Unzuverlässigkeitsmerkmal (wie z. B. Datum, Terminzeit) trägt. Das würde das Kontrollergebnis bestätigen, und der zu kontrollierende Wert wird verworfen. In diesem Fall wird also das Unzuverlässigkeitsmerkmal stärker bewertet als die Möglichkeit, daß der (n + 1)te Druckwert falsch war. Anderenfalls wird eine (n + 2)te Beobachtung gesucht (die (n + 1)te Beobachtung könnte auch fehlerhaft sein, da sie noch nicht kontrolliert war) und wieder das Ersetzen der ersten n Werte mit anschließender Interpolation durchgeführt. Ist die Ungleichung (7) wenigstens einmal erfüllt, wird die zu kontrollierende Beobachtung als richtig angenommen, im anderen Fall wird sie endgültig verworfen.

Über Seegebieten trat bei diesem wie auch bei dem ursprünglichen Algorithmus ab und an der Fall auf, daß eine Wetterschiffsbeobachtung durch eine falsche Meldung eines in der Nähe gelegenen Handelsschiffes verworfen wurde. Dadurch „verschwanden" in der Analyse ganze barische Zentren. Das Problem wurde dadurch gelöst, daß bei der Kontrolle auch Wetterschiffsbeobachtungen mit ein und zwei Stunden Terminabweichung verwendet werden. Durch diese zusätzliche und zuverlässige Information wird erreicht:

— die falsche Meldung eines in der Nähe gelegenen Handelsschiffes wird erkannt und verworfen,
— eine eventuell falsche Hauptterminmeldung eines Wetterschiffes wird durch die Verwendung der Nebentermine erkannt und eliminiert,
— bei fehlender oder verworfener Hauptterminmeldung eines Wetterschiffes wird diese Informationslücke durch die Nebentermine geschlossen.

Bei der Gitterpunktsinterpolation wird jedoch nur eine Beobachtung des jeweiligen Wetterschiffes verwendet. Diese Art der Verwendung der Nebentermine der Wetterschiffsbeobachtungen bei der Kontrolle hat sich bewährt. Negative Auswirkungen auf das Kontrollergebnis durch eventuell zeitliche Gradienten des Bodendruckes sind nicht aufgetreten. Durch diese Verbesserungen gegenüber dem ursprünglichen Algorithmus (vgl. Bagrov, Belousov, Tarnopol'skij 1972; Bagrov, Belousov, Artanova, Tarnopol'skij 1974) wurde eine Reduktion der Verwerfungsquote auf 1 bis 2% der vorhandenen Daten erreicht (1000—1300 Meldungen im Sortiergebiet bei einem Dateneingang bis 2 Stunden nach Termin, darunter 100—150 Schiffsmeldungen). Dabei wurde auch die Dispersion in Gleichung (7) untersucht. In der genannten Literatur wird der Wert 20 mbar verwendet. Das führte zu einer zu scharfen Prüfung, die Erhöhung auf 30 mbar milderte diesen Effekt erheblich und führte zusammen mit den anderen Verbesserungen zu dem genannten Ergebnis.

Es wurden auch dem NMZ zugängliche jahreszeitlich- und ortsabhängige Dispersionen erprobt (s. Stahnke-Jungheim, 1979). Die verwendeten Dispersionen führten zu schlechteren Ergebnissen. Offenbar sind bei der Variabilität des Bodendruckes klimatologische Mittelwerte der Dispersion als Kontrollgröße schlechter als durch numerische Experimente gewonnene konstante Parameter. Trotz der erreichten Verbesserung der horizontalen Kontrolle traten immer noch Fälle falscher Kontrollergebnisse auf. Diese bezogen sich fast ausschließlich auf die Kontrolle extremer und/oder isolierter Beobachtungswerte. Deshalb wurde als nächstes zur besseren Kontrolle in Tiefdruckgebieten gelegener Stationen die Prozedur um folgendes ergänzt. Der Parameter K wird entsprechend der Lage der Station zu einem barischen Zentrum verändert. Für interpolierte Druckwerte p^+, die den beobachteten Druckwert $\tilde{p}$ um 5 mbar übertreffen, wird bei einer Windgeschwindigkeit an der zu kontrollierenden Station größer als 10 m/s die Lage dieser Station in einer Zyklone angenommen. In diesem Fall wird für Wetterschiffe und Landstationen der Parameter K in Gleichung (7) $K = 1{,}3$ und für Handelsschiffe $K = 1{,}1$ gewählt; die Handelsschiffe werden wegen ihrer gegenüber den Wetterschiffen unzuverlässigeren Beobachtungen schärfer geprüft. Wenn beide genannten Bedingungen (Druckdifferenz und Windgeschwindigkeit) nicht erfüllt sind, d. h., die Lage in einem Tiefdruckgebiet nicht angenommen werden kann, wird für Landstationen und Wetterschiffe $K = 1{,}0$ und für Handelsschiffe $K = 0{,}8$ gesetzt, d. h., die schärfere Prüfung der Handelsschiffsbeobachtungen wird beibehalten. Eine Erhöhung des relativen Beobachtungsfehlers für unzuverlässigere Daten wie z. B. für Handelsschiffsbeobachtungen ist ungeeignet, da sich dadurch die Prüfgröße in (7) vergrößert. Durch die Vergrößerung der Toleranz bei Lage der Station in einem Tiefdruckgebiet wurde die oben beschriebene Kontrollprozedur weiter verbessert. Dieser Algorithmus verbesserte auch die Kontrolle und/oder extremer Bodendruckdaten, konnte aber diese Problematik nicht vollständig lösen. Eine entscheidende Verbesserung und zusätzliche Möglichkeiten werden in den Abschnitten 5.1.2. und 5.1.3. beschrieben.

Abschließend sei mitgeteilt, daß für die Kontrolle der Bodendruckdaten vier umliegende Beobachtungen verwendet werden und als relativer Beobachtungsfehler $\eta^2 = 0{,}02$ gewählt wird. Die Korrelationsbeziehungen des Druckfeldes werden nach der von Judin (1961) gefundenen Beziehung

$$R(r, L) = (1 + r/L)\,e^{-r/L} \tag{9}$$

errechnet (r: Abstand zwischen der zu kontrollierenden Station und den umliegenden Stationen bzw. den umliegenden Stationen untereinander auf der Projektion (Karte)). Damit sind alle Größen zur Lösung des Gleichungssystems (4) zur Bestimmung der Gewichte p_i gegeben.

Die Korrelationsfunktion (9) wird auch für die Kontrolle der anderen genannten meteorologischen Elemente verwendet. Diese Beziehung dient auch als Grundlage für die Aufstellung der statistischen Beziehungen zur Lösung der Gleichungssysteme bei der Gitterpunktsinterpolation (s. Abschnitt 6). In Abhängigkeit vom meteorologischen Element variiert der Parameter L in Gleichung (9). Dieser Parameter wurde so gewählt, daß die Funktion (9) im statistischen Mittel die tatsächlichen Korrelationen des jeweiligen meteorologischen Feldes widerspiegelt, so ergab sich für das Geopotential $L = 1{,}0$, für den Bodendruck $L = 0{,}8$, für die Temperatur (Boden und freie Atmosphäre) $L = 0{,}5$ und für die dreistündige Drucktendenz wurde $L = 0{,}3$ gewählt (L in 1000 km).

Die Kontrolle der *Geopotentialdaten* des TEMP- und SATEM-PART A (s. KLUGE, STAHNKE-JUNGHEIM, VOLLBRECHT 1980) wird unter Vernachlässigung des vertikalen Ganges der Fehlergrößen und der vertikalen Variabilität der statistischen Struktur sowie wegen des Vorliegens der Daten in der Regel auf allen benötigten Isobarenflächen mit einem einheitlichen Gewichtesatz p_i für alle Niveaus durchgeführt, d. h., die Dispersion σ ist die einzige vertikal variable Kontrollgröße. Aus dem einheitlichen Gewichtesatz ergibt sich, daß bei der Kontrolle einer Meldung auf allen Niveaus immer die gleichen umliegenden Meldungen beteiligt sind. Meldungen mit nicht allen besetzten Niveaus können bei der Kontrolle nicht als umliegende Information zur Berechnung der Schatzgröße verwendet werden.

Das Kriterium (7) wird für die Geopotentialkontrolle hinsichtlich der Größe K detailliert:

$$K = AD\,, \tag{10}$$

mit D — einem Maß für die Gebietsdichte und A — einer Größe, die die Lage des zu kontrollierenden Wertes bezüglich seiner Umgebung berücksichtigt. Dadurch soll besonders das Verwerfen synoptisch richtiger Beobachtungen in Gebieten mit geringer Netzdichte bei Lage der zu kontrollierenden Station in ausgeprägten Zyklonen vermindert werden.

Die Kontrolle der Geopotentialdaten wird in drei Schritten durchgeführt. Im *ersten* Schritt der Kontrollprozedur erfolgt die Kontrolle der Geopotentialwerte des TEMP PART A. Es werden als umliegende Werte nur TEMP-Daten verwendet. Die Schätzgröße wird im Gebiet mit hoher Netzdichte aus fünf umliegenden Geopotentialwerten, in Gebieten mit normaler Netzdichte in Abhängigkeit von der Technologie (s. Abschnitt 6.2.1.) aus acht Beobachtungen bzw. aus sieben Beobachtungen und dem Prognosewert ermittelt. Bei hoher Netzdichte ist $D = 30$, sonst wird $D = 40$ verwendet. Liegt der zu kontrollierende Wert in einer Zyklone, so wird die Größe A von $A = 1{,}0$ auf $A = 1{,}2$ erhöht. Als Kriterium dafür gilt, daß der beobachtete Wert 10 gpdam kleiner als die Schätzgröße ist.

Bei Fehlerverdacht (Ungleichung (7) nicht erfüllt) wird mit einer $(n + 1)$ten Meldung und gewissen Prüfkennungen (aus der hydrostatischen Kontrolle bezüglich des zu kontrollierenden Wertes, aus der primären Datenbearbeitung bezüglich Datum und Termin) sowie vorliegenden Kontrollergebnissen für die umliegenden Beobachtungen in Analogie zum oben für den Bodendruck dargelegten Algorithmus die Korrektheit der Beobachtung entschieden. Die Verwendung einer $(n + 2)$-ten Beobachtung wie bei der Bodendruckkontrolle bewährte sich nicht, da zu weit entfernt gelegene Stationen durch den Suchalgorithmus bereitgestellt wurden.

Im *zweiten* Schritt der Kontrollprozedur werden die Geopotentialwerte des SATEM PART A kontrolliert. Als umliegende Beobachtungen werden nur TEMP-Daten verwendet. Der Sinn besteht darin, mit schon kontrollierten TEMP-Werten die SATEM-Daten zu prüfen, die durch die Art ihrer Erzeugung prinzipiell fehlerbehafteter als die TEMP-Daten sind. Wegen der geringen Verwerfungsquote der TEMP-Geopotentialdaten bietet sich dieses Vorgehen an.

Die gemeldeten relativen Topographien des SATEM PART A wurden schon bei der Sortierung der Ausgangsinformation (s. Abschnitt 4.1.) mit Hilfe einer vorliegenden 1000-mbar-Fläche (Verwendung einer vorher erzeugten Bodendruckanalyse oder einer 12-stündigen Prognose) unter Berücksichtigung einer Asynchronitätskorrektur (s. Abschnitt 6.2.1.) in absolute Topographien umgerechnet. Der relative „Beobachtungsfehler" dieser Werte variiert gemäß dem in der Meldung übermittelten Gütemaß der Sondierung und der Qualität der Referenzfläche (s. Abschnitt 6.1.). Für TEMP-Werte gilt $\eta^2 = 0{,}02$.

Für die Kontrolle der SATEM-Daten wird in Abhängigkeit von der Dichte der Information die gleiche Anzahl umliegender Meldungen und der gleiche Wert für D wie im ersten Schritt bei der Kontrolle der TEMP-Geopotentialwerte verwendet. Der zweite Kontrollschritt verfolgt das Ziel, auf jeden Fall die falschen oder verfälschten SATEM-Werte auszuschließen, auch auf Kosten richtiger Sondierungen. Deshalb wird der Faktor A auf $A = 0{,}3$ verringert. Für die Lage in Zyklonen gilt das oben Gesagte ($A = 0{,}36$). Es wird nur eine einmalige Berechnung der Schatzgröße aus n umliegenden TEMP-Werten durchgeführt, da nur bereits geprüfte (und richtige) TEMP-Daten an der Kontrolle teilnehmen.

Im *dritten* Schritt der Kontrollprozedur werden alle verworfenen TEMP- und SATEM-Geopotentidaldaten unter Verwendung von n umliegenden (auf allen Niveaus richtigen) Meldungen noch einmal geprüft. Diese Maßnahme zielt in erster Linie auf das „Retten" einiger SATEM-Daten, die in der zweiten Etappe dieses Kontrollverfahrens durch die scharfe Prüfung verworfen wurden. Trotz dieser strengen Prüfung wurde ein bestimmter Teil der SATEM-Daten als vollständig, d. h. auf allen Niveaus richtig, bewertet, so daß durch diese zusätzliche Information eine nochmalige Prüfung der bisher verworfenen Werte bei verminderter Schärfe der Prüfung sinnvoll ist. Deshalb wird bei der Kontrolle der SATEM-Daten die Größe A um 40% vergrößert ($A = 0{,}42$ bzw. $A = 0{,}504$ in Zyklonen). Als umliegende Meldungen werden in diesem Schritt TEMP- und SATEM-Geopotentialdaten gemeinsam verwendet. Es wird gefordert, daß bei der für jede Prüfung einmaligen Berechnung der Schätzgröße mindestens drei Temps quasi als Stützstellen an der Interpolation teilnehmen. Die für die Lösung des Gleichungssystems (4) erforderlichen Korrelationen zwischen TEMP- und SATEM-Geopotentialdaten und SATEM-Daten untereinander sind in Abschnitt 6.1 genannt (s. auch KLUGE, STAHNKE-JUNGHEIM, VOLLBRECHT, 1980).

Die beschriebene Kontrollprozedur ist seit 1977 für TEMP-Daten und seit 1979 für TEMP- und SATEM-Daten im operativen Analyseprogramm realisiert. Das Kontrollverfahren verwirft etwa 0—3 TEMP-Geopotentialdaten von 170 Meldungen mit je 4 Niveaus (850, 700, 500, 300 mbar). Es trat bisher kein Fall auf, wo richtige Wetterschiffsmeldungen verworfen wurden. Das liegt neben der Qualität der klimatologischen Dispersion an der Berücksichtigung der Gebietsdichte und der Lage in Zyklonen. Dadurch wurde eine ursprünglich geplante Sonderprozedur für die Kontrolle der aktuellen Wetterschiffsdaten H_0 unter Verwendung der Vorterminbeobachtung H_1 und der dazugehörigen Prognosewerte P_0, P_1 in der Form

$$||H_0 - P_0| - |H_1 - P_1|| \leqq F \qquad (11)$$

nicht erforderlich. Die empirische Funktion F muß neben den bekannten Größen (Dispersion, Gebietsdichte, Beobachtungsfehler) vor allem vom Prognosefehler abhängen.

Von den SATEM-Geopotentialdaten, deren Eingang im Zentrum auf Grund einer nicht stabilen Zubringung im europäischen Wetternachrichtennetz stark schwankte (2 Stunden und 20 Minuten nach Termin im Mittel etwa 20—40 Sondierungen im Gebiet, Schwankungsbreite von 0—90 Sondierungen), werden im Durchschnitt durch die Kontrolle 5—10% ausgesondert. Dieser Prozentsatz liegt im Mittel über der Quote des Synoptikers. Man muß bemerken, daß sich die Qualität der SATEM-Daten im Jahr 1980 verbessert hat. 1979 wurden nach dem gleichen Algorithmus im Mittel 20% verworfen.

Zusammenfassend kann eingeschätzt werden, daß hinsichtlich der TEMP-Geopotentialdaten, in Einzelfällen auch durch das Vorliegen von SATEM-Daten, erreicht wurde, daß fehlerhafte Werte ausgeschlossen werden, aber zugleich richtige extreme Werte erhalten bleiben. Bei SATEM-Daten kann auf Grund der Strategie des sicheren Ausschließens aller Werte, die das Analyseergebnis verfälschen können, nicht vermieden werden, daß zu einem geringen Prozentsatz auch richtige Werte verworfen werden. Da diese Information jedoch nur als Zusatzinformation bei der Gitterpunktsinterpolation verwendet wird, ist das vertretbar.

Die Grundform der horizontalen Kontrolle der dreistündigen *Drucktendenz* ist die gleiche Prozedur wie bei der Kontrolle des Bodendruckes. In Ungleichung (7) ist die Dispersion 6,4 mbar (s. Bagrov, Belousov, Tarnopol'skij 1972) und vorerst $K = 1$. Wegen der geringen Korrelation des Drucktendenzfeldes ($L = 0{,}3$ in Gleichung (9)) ist die horizontale Kontrolle besonders bei extremen, aber synoptisch richtigen Meldungen und/oder isoliert liegenden Stationen weit problematischer als die horizontale Kontrolle des Bodendruckes ($L = 0{,}8$). Es geht also auch hier nicht in erster Linie um ein generelles Senken der Verwerfungsquote, die mit 1,5—2% der Beobachtungen eine zufriedenstellende Größe erreicht hat, sondern um die besondere Einzelmeldung. Die Gefahr des Verwerfens der Meldungen isoliert liegender Stationen oder extremer Werte auch nicht isoliert liegender Stationen besteht aus dem genannten Grund. Deshalb werden die Drucktendenzmeldungen der Wetterschiffe, die sich im allgemeinen durch eine isolierte Lage auszeichnen, nicht horizontal kontrolliert. Bei Vorliegen einer Unzuverlässigkeitskennung für diese Drucktendenzen durch die primäre Datenbearbeitung werden diese Beobachtungen nicht verwendet. Für die Kontrolle extremer Werte auch nicht isoliert liegender Stationen und wegen der besonders in kräftigen Steig- und Fallgebieten beträchtlichen Unterschiede zwischen benachbarten Stationen (bis mehr als 4 mbar) wird der Kontrollalgorithmus wie folgt erweitert. Es wird, bevor eine Meldung verworfen werden soll, untersucht, ob vielleicht ein extremer Wert in einem ausgeprägten Fall- oder Steiggebiet vorliegt. Als Kriterium dafür gilt: Der Wert der zu prüfenden Meldung ist betragsmäßig größer gleich 4 mbar und der maximale interpolierte Wert (durch Ersetzen entstehen 5 oder 9 Schätzungen) ist bei gleichem Vorzeichen wie die zu kontrollierende Meldung größer gleich 3 mbar. Ist dieses Kriterium erfüllt, so wird die zulässige Toleranz um den Faktor 2 vergrößert ($K = 2$ in Ungleichung (7), vgl. Stahnke-Jungheim, Vollbrecht, 1978). Ist die Ungleichung (7) dann auch nicht erfüllt, so wird zur Kontrolle dieser relativ zu ihrer Umgebung sehr extremen Werte geprüft, ob für den Fall, daß der beobachtete Wert betragsmäßig größer gleich 6 mbar ist, der interpolierte Wert bei gleichem Vorzeichen größer gleich 5 mbar ist. Trifft das zu, so wird die Meldung als richtig angenommen, im anderen Fall wird der zu kontrollierende Wert endgültig verworfen. Diese Maßnahmen reduzierten das Verwerfen extremer und im allgemeinen nicht isoliert liegender Werte beträchtlich. Für die Kontrolle isoliert liegender Stationen mit eventuell noch extremen Werten der Drucktendenz können jedoch nur Methoden der Mensch—Maschine—Wechselwirkung (s. Abschnitt 7.) eine prinzipielle Verbesserung bringen.

Die Rechenzeit für die Durchführung der horizontalen Kontrolle des Bodendruckes (oder anderer Bodenelemente) bzw. des Geopotentials innerhalb des Analyseprogrammpaketes beträgt auf der EDVA BESM-6 bis zu einer Minute. Der vermeintliche Gewinn an Rechenzeit durch die geringere Anzahl der zu kontrollierenden Geopotentialwerte (für einen Zeitpunkt von 4,5 Stunden nach Termin etwa 200 TEMP- und SATEM-Beobachtungen) gegenüber den etwa 1000—1300 Bodendruckdaten wird durch das größere zu lösende Gleichungssystem (Vergrößerung von der Dimension (4,4) beim Bodendruck auf (5,5) bzw. (8,8) beim Geopotential) kompensiert.

Zum Abschluß dieses Kapitels sollen die Parameter und Ergebnisse der Kontrolle der Temperatur am Boden und in der freien Atmosphäre mitgeteilt werden.

Der Parameter L der Korrelationsfunktion wurde in beiden Fällen $L = 0{,}5$ gewählt (s. oben). Die Kontrolle der Bodentemperatur wird mit 4 umliegenden Beobachtungen in Analogie zum Bodendruck unter Verwendung $(n + 1)$ten und wenn erforderlich $(n + 2)$-ten Meldung mit einer konstanten Dispersion $\sigma = 30$ und $K = 1$ durchgeführt. Im Mittel werden 5% der Daten verworfen.

Die Temperaturanalyse der freien Atmosphäre wird

im Gegensatz zur Bodentemperaturanalyse noch nicht operativ erzeugt. Deshalb können hier nur erste Ergebnisse bezüglich der Kontrolle mitgeteilt werden. Bei Verwendung von je nach der Netzdichte 5 bzw. 8 umliegenden Beobachtungen analog zur Geopotentialkontrolle, der Dispersion des Geopotentials und der empirisch bestimmten Größe $K = 2$ werden etwa 2% der Niveaus verworfen (s. VOLLBRECHT, 1979).

5.1.2. Methode der Iteration bei der horizontalen Kontrolle der Bodendruck- und Geopotentialdaten

Der im letzten Abschnitt beschriebene Kontrollalgorithmus für den Bodendruck stellt zwar eine merkliche Verbesserung gegenüber vorher bekannten Algorithmen dar, konnte jedoch das Problem der Kontrolle extremer und/oder isolierter Beobachtungswerte nicht ausreichend lösen. Es bestehen prinzipiell zwei Möglichkeiten zur Lösung dieser Problematik: die Verwendung von Zusatzinformation bei der Kontrolle (s. Abschnitt 5.1.3.) oder eine bessere algorithmische Ausnutzung der verwendeten Information.

Letzteres bietet sich in einem iterativen Analyseverfahren an. Von STAHNKE-JUNGHEIM (1979, s. Abschnitt 6.4.1.) wurde das Verfahren des iterativen Grundfeldes (s. SKODA, 1975) — die Verwendung erster Näherungen der Analyse bei der Berechnung der Analysen — weiterentwickelt und auf die Analyse des Bodendruckfeldes angewandt.

Es ist folgerichtig, das durch die Iteration informativer gewordene Grundfeld (bei der ersten Iteration die erste Analyse) auch für die horizontale Kontrolle zu nutzen, d. h. bei jeder Iteration — im Gegensatz zu SKODA, der die Information nur einmal kontrolliert — eine neue Kontrolle durchzuführen.

Das Verfahren läuft wie folgt ab. Nach der Kontrolle aller Daten wird ein Interpolationsfeld (die erste Analyse) berechnet. Dieses wird als neues Grundfeld und für die Berechnung der Abweichungen der $\bar{f}_i$ (s. Gleichung (8)) für eine zweite Kontrolle aller Daten bereitgestellt. Dabei werden die Ergebnisse der ersten Kontrolle nicht berücksichtigt. Der Parameter L der Korrelationsfunktion wird wegen der verringerten Korrelation im Bodendruckfeld der ersten Analyse im Vergleich zu den klimatologischen Normwerten von $L = 0{,}8$ auf $L = 0{,}5$ verringert. Da die Schätzgröße f_i^+ von Iteration zu Iteration immer informativer wird, muß die erlaubte Toleranz verringert werden. Da sich der theoretische Interpolationsfehler durch den kleiner werdenden Korrelationsradius vergrößert, obwohl die Analysequalität sich zumindest bei der ersten Iteration erhöht (ein prinzipieller Mangel; der theoretische Interpolationsfehler muß so modifiziert werden, daß er den Informationsgewinn widerspiegelt), muß die Dispersion so verkleinert werden, daß die Prüfgröße insgesamt kleiner wird. Durch numerische Experimente wurde $\sigma = 23$ mbar (statt 30 mbar bei der ersten Kontrolle) erhalten. Durch diese iterative Kontrolle — eine zweite Kontrolle unter Verwendung eines informativen Grundfeldes — wurde der entscheidende Schritt zur Lösung des genannten Kontrollproblems getan. Da das Grundfeld — die erste Analyse — bedeutend besser an die tatsächliche synoptische Situation herangeführt ist, werden bei der zweiten Kontrolle bis auf wenige Einzelfälle die extremen und/oder isoliert liegenden (richtigen) Meldungen gerettet, die bei der ersten Kontrolle verworfen wurden. Die daraus resultierende Verbesserung der Analysequalität ist besonders in Seegebieten beträchtlich (s. STAHNKE-JUNGHEIM, 1979, vgl. Abschnitt 6.4.1.), da durch „gerettete" Meldungen z. B. die Tiefdruckgebiete besser beschrieben werden, aber vor allem nur durch eine Meldung belegte barische Zentren (besonders gravierend bei Tiefdruckgebieten) überhaupt erst erfaßt werden. Abb. 4 zeigt ein derartiges Beispiel. Der beobachtete Druckwert an der Station Jan Mayen von 998,1 mbar bleibt durch die iterative Kontrolle im Datenangebot enthalten.

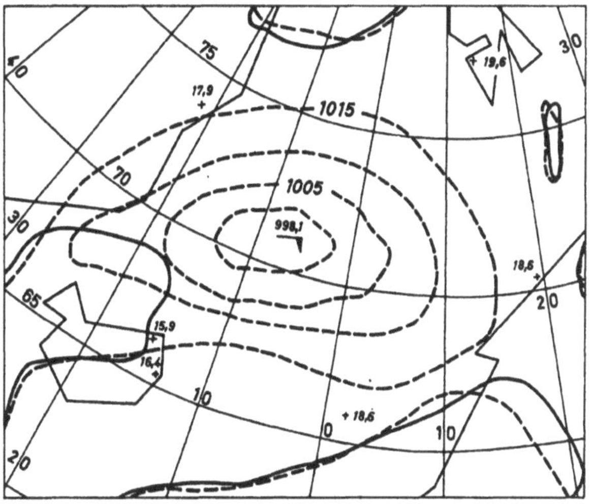

Abb. 4. Bodendruckanalyse, 30. 5. 1978, 12^{00} GMT
——— Bodendruckanalyse ohne Iteration (Durchführung nur einer Kontrolle der Druckwerte)
– – – Bodendruckanalyse mit Iteration (Durchführung einer zweiten Kontrolle der Druckwerte)

Beim iterativen Kontrollverfahren wie auch bei der iterativen Berechnung der Analyse ist zu beachten, daß die Schätzgröße sich dem Beobachtungswert immer mehr annähert. Es besteht also bei zuvielen Iterationen die Gefahr, daß der beobachtete Wert mit sich selbst kontrolliert wird, also nur noch scheinbar eine Kontrolle durchgeführt wird. Die Durchführung *einer* Iteration, d. h. einer zweiten Kontrolle erwies sich als die beste Variante. Die Verwerfungsquote wurde auf unter 1% gesenkt.

Zusammenfassend kann festgestellt werden, daß die iterative Kontrollprozedur für den Bodendruck nicht nur hinsichtlich der Verwerfungsquote sehr gute Ergebnisse erzielt, sondern auch das Problem der Kontrolle extremer und/oder isoliert liegender Werte im Zusammenhang mit dem im vorhergehenden Abschnitt beschriebenen Kontrollalgorithmus zufriedenstellend löst.

Der operative Einsatz des iterativen Kontrollverfahrens zeigte in einigen Fällen auch einen Nachteil dieser Kontrollprozedur. Es wurden gelegentlich durch die zweite Kontrolle falsche Beobachtungen, besonders bei isoliert liegenden Schiffen, durch das Annähern des Grundfeldes bei gleichzeitiger Abnahme des Korrelationsradius wieder „richtig". Deshalb wird auch eine dritte Kontrolle mit der zweiten Analyse als Grundfeld nicht durchgeführt. In der genannten Arbeit wurde dazu vorgeschlagen, diese Fälle (d. h. bei bestimmten Abweichungen des beobachteten Wertes vom Schätzwert) durch einen einfachen Vergleich des Gradienten des beobachteten Wertes zu einem gemittelten Wert in seiner Umgebung mit der beobachteten Windgeschwindigkeit zu klären.

Es bietet sich an, als den für die Umgebung repräsentativen Wert den Schätzwert (der Abweichung) p^+ und als Weglänge des Gradienten den mittleren Abstand $\bar{d}$ der umliegenden Stationen zu verwenden. Damit läßt sich ein mittlerer Gradient beschreiben:

$$\left|\frac{\overline{\partial p}}{\partial n}\right| = \frac{|\tilde{p} - p^+|}{\bar{d}} . \qquad (12)$$

Für unsere Zwecke genügt es, aus diesem mittleren Gradienten mit der geostrophischen Beziehung die errechnete Windgeschwindigkeit v^+ zu bestimmen:

$$v^+ = \frac{0{,}77\,|\tilde{p} - p^+|}{\bar{d}\sin\varphi} \qquad (13)$$

(φ: geographische Breite, $\bar{d}$ (1000 km), $\tilde{p}$, p^+ (mbar), v^+ (m/s); bei der Umrechnung wurde die mittlere Luftdichte für 0 °C und 1000 mbar verwendet). Die beobachtete Windgeschwindigkeit $\tilde{v}$ wird nun anhand einer empirisch zu bestimmenden Toleranz v_D mit der aus dem Gradienten des Feldes errechneten Geschwindigkeit v^+ verglichen:

$$|\tilde{v} - v^+| \leqq v_D . \qquad (14)$$

Vollbrecht (1979) bestimmte die notwendigen Parameter und fügte diese Gradientprüfung in folgender Weise in die iterative Kontrollprozedur ein. Ist der beobachtete Druckwert nach dem Vergleich mit n umliegenden Druckmeldungen richtig, aber der gemeldete Wert weicht vom interpolierten Wert um mehr als p_D ab, so besteht der Verdacht, daß die zu kontrollierende Meldung doch falsch ist. In diesem Fall wird der beschriebene Vergleich durchgeführt. Ist die Beziehung (14) nicht erfüllt, wird der zu kontrollierende Druckwert verworfen, da der beobachtete Wind nicht den ermittelten Gradienten bestätigt, der — so wird angenommen — durch einen fehlerhaften Druckwert erzeugt wurde. Für p_D und v_D wurden folgende Werte empirisch ermittelt: $p_D = 7{,}75$ mbar und $v_D = 7{,}5$ m/s.

Als zusätzliche Voraussetzung zur Vermeidung von falschen Ergebnissen durch falsche Windgeschwindigkeiten wurde eingeführt, daß in Hochdruckgebieten die beobachtete Windgeschwindigkeit kleiner gleich 10 m/s sein muß. Im anderen Fall wird die Gradientprüfung nicht angewendet.

Durch diese Ergänzung der iterativen Kontrollprozedur, d. h. die Ausnutzung eines Widerspruches zwischen Wind und Gradient, hervorgerufen durch falsche extreme Werte oder die falsche Lage „normaler" Werte wurde erreicht, daß die durch die iterative Kontrollprozedur nicht erfaßten Fehler und die durch das Iterieren wieder „richtig" gewordenen fehlerhaften Werte beseitigt wurden.

Die Gefahr des Verwerfens extremer synoptisch richtiger Meldungen durch diese Prüfung besteht nicht, da einerseits die Werte p_D und v_D groß genug sind und andererseits die Art der Prüfung gerade auf die Bestätigung der durch die Meldungsverteilung dargestellten synoptischen Situation zielt. Mit dem genannten Algorithmus wurde auch das Problem benachbarter fehlerhafter Daten, die sich sonst gegenseitig retten bzw. von denen nur eine der beiden Meldungen verworfen wird, weitestgehend gelöst.

Die Wirkung der Gradientprüfung möge Abb. 5 demonstrieren. Die erste Kontrolle verwirft einen der beiden benachbarten fehlerhaften Daten. Die zweite Kontrolle bewertet durch den einen jetzt im Grundfeld enthaltenen fehlerhaften Wert beide Daten als richtige, woraus das dargestellte Analyseergebnis folgt. Durch die Prüfung des Gradienten mit der beobachteten Windinformation werden beide Werte verworfen, und es wird eine richtige Analyse erzeugt. Bezüglich des Druckwertes im Tiefzentrum auf Abb. 4 bestätigte die Gradientenprüfung die Richtigkeit des Wertes.

Abschließend läßt sich einschätzen, daß durch die Verbesserung des ursprünglichen Verfahrens, durch die iterative Kontrolle einschließlich der Gradientprüfung, aber auch durch das „Austrimmen" der gesamten Prozedur, eine Qualität der Kontrolle der Bodendruckdaten erreicht wurde, die einer komplexen Kontrolle nahekommt.

Von Zeit zu Zeit auftretende, durch den beschriebenen komplexen Kontrollapparat nicht zu lösende Situation erfordern Maßnahmen in neuer Qualität, die in der Einführung weiterer zusätzlicher Information und in der Mensch—Maschine—Wechselwirkung (man machine mix) liegen. Das sind die Fälle, wo auch für den beschriebenen Algorithmus die Prüfgröße beträchtlich vergrößert bzw. verkleinert werden müßte, um zu einem richtigen Kontrollergebnis zu kommen. Das würde jedoch gerade dazu führen, im ersten Fall alle oder einen großen Teil der verworfenen Daten wieder „richtig" werden zu lassen bzw. im zweiten Fall eine große Anzahl richtiger Daten zu verwerfen.

Das iterative Kontrollverfahren wurde auch zur Kontrolle des Geopotentialfeldes eingesetzt. Hier soll es in erster Linie die Kontrolle der SATEM-Daten verbessern, da die Kontrolle der TEMP-Werte eine ausreichend gute Qualität besitzt (s. Abschnitt 5.1.). Das Verfahren verläuft analog dem vorgestellten Algorithmus für den Bodendruck ab. Nach der beschriebenen 3-Stufen-Kontrolle für TEMP- und SATEM-Geopotentialwerte wird ein erstes Analysefeld unter Verwendung von TEMP- und SATEM-Geopotentialdaten (und in Abhängigkeit von der Technologie auch unter Verwendung des Prognosewertes im Gitterpunkt, s. Abschnitt 6.2.1.) errechnet. Dieses wird als neues Grundfeld bei der nachfolgenden zweiten Kontrolle verwendet, die nach dem gleichen Algorithmus wie die

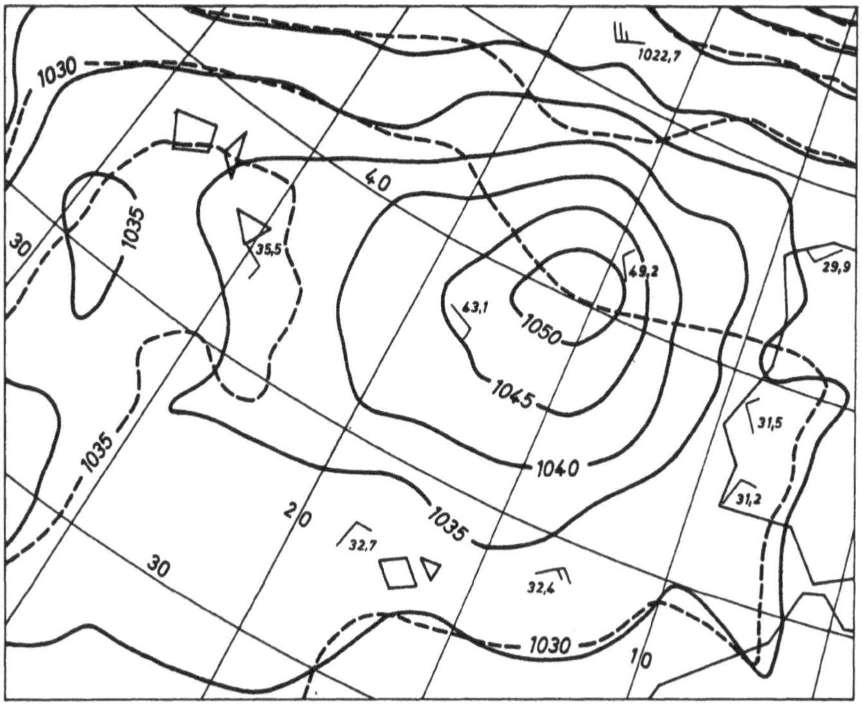

Abb. 5. Bodendruckanalyse, 15. 3. 1978, 0^{00} GMT
——— Bodendruckanalyse mit Iteration ohne Prüfung des Gradienten
– – – Bodendruckanalyse mit Iteration mit Prüfung des Gradienten

erste (3-Stufen-) Kontrolle abläuft. Es werden die gleichen Kontrollkonstanten angewendet. Auch der Parameter L der Korrelationsfunktion wird nicht verändert, um nicht durch die dann verfälschten ε^2-Werte (s. oben und Abschnitt 6.4.1.) sämtliche Kontrollparameter der diffizilen 3-Stufen-Kontrolle neu bestimmen zu müssen. Ein anderes Vorgehen, d. h. ein verringerter Korrelationsradius für die zweite Kontrolle ist in Anbetracht des Zieles dieser iterativen Kontrolle und der bereits erreichten Kontrollqualität der 3-Stufen-Kontrolle nicht erforderlich.

Auch ist die für die Kontrolle des Bodendruckes zusätzlich eingeführte Gradientprüfung für die Geopotentialkontrolle nicht erforderlich, da die SATEM-Daten, deren besserer Kontrolle das iterative Verfahren dient, über keine Windangaben verfügen. Zum anderen tritt die Problematik, die zum Einsatz der Gradientprüfung führte, bei der Geopotentialkontrolle praktisch nicht auf.

Das iterative Kontrollverfahren verbessert die Kontrolle der SATEM-Daten im allgemeinen und fallweise z. T. beträchtlich. Das ist vor allem dadurch bedingt, daß bei dem zweiten Schritt der 3-Stufen-Kontrolle (der Kontrolle der SATEM-Daten) die Entscheidung über die Richtigkeit ganzer Sondierungen eindeutiger ist, d. h. das Verwerfen einzelner Niveaus der Sondierungen zugunsten des Verwerfens bzw. Nicht-Verwerfens der gesamten Sondierung (d. h. aller Niveaus einer Sondierung) zurückgeht. Dadurch sind beim dritten Schritt der 3-Stufen-Kontrolle jetzt (im Gegensatz zur ersten 3-Stufen-Kontrolle) informativere umliegende Werte an den Interpolationen beteiligt. Die Anzahl der geretteten SATEM-Werte im dritten Schritt wird dadurch erhöht.

Es nehmen — wie wir uns erinnern — nur vollständige, d. h. auf allen Niveaus belegte Sondierungen bzw. TEMP's als umliegende Werte an den Interpolationen teil. Das informative Grundfeld sorgt zum einen dafür, daß das nicht berechtigte „Auslichten" einzelner Sondierungen minimiert wird, und sichert dadurch die Teilnahme dieser richtigen Daten im dritten Schritt der Kontrollprozedur, und trägt zum anderen dazu bei, mehr als vorher ganze (falsche) Sondierungen zu eliminieren.

Durch das iterative Kontrollverfahren wurde die Verwerfungsquote der SATEM-Daten im Mittel von vorher 5—10% auf 0—5% gesenkt. Bei TEMP-Geopotentialdaten bewirkte es teilweise das Erkennen der ab und an auftretenden „etwas" falschen Sondierungen, die bei Nichterkennen zu geringfügigen Verfälschungen im Analysefeld führen.

Wir sehen, das iterative Kontrollverfahren ist eine Methode, die zu einer prinzipiellen Verbesserung der Kontrolle führt. Es empfiehlt sich deshalb, sie auch für die Kontrolle der Temperatur und der Drucktendenz einzusetzen. Besonders bei der Drucktendenz dürfte ein informatives Grundfeld zur Verbesserung der Kontrolle isolierter und nicht extremer bzw. nicht isolierter extremer Werte beitragen.

5.1.3. Möglichkeiten der Einführung weiterer zusätzlicher Information bei der horizontalen Kontrolle des Massenfeldes

Unter zusätzlicher Information für die horizontalen Kontrollprozeduren ist jegliche Information zu verstehen, die nicht a priori für die horizontale Kontrolle der entsprechenden meteorologischen Elemente benötigt wird. In jedem Fall benötigt werden für die Berechnung der Schätzgröße die um die zu kontrollierende Station umliegenden Beobachtungen gleicher Beobachtungszeit und die Klimanormwerte für die umliegenden Daten und den zu kontrollierenden Wert. Jeder Algorithmus, der nur diese klassische Information verwendet, benutzt also keine zusätzliche Information.

Die in den vorangegangenen Abschnitten dargestellten Algorithmen für die Kontrolle des Massenfeldes verwenden bereits zusätzliche Information. Als numerisch erzeugte Daten genutzt:

— der Prognosewert für die Errechnung der Schätzgröße bei der Geopotentialkontrolle in Gebieten mit geringer Netzdichte und für einen frühen Daten-cut-off (die Interpolation wird aus $n-1$ umliegenden Beobachtungsdaten und dem Prognosewert für den Ort der Station unter Berücksichtigung des Prognosefehlers durchgeführt, s. Abschnitt 6.2.),
— die erste Analyse als Grundfeld bei der iterativen Kontrolle (es ist auch die Anwendung einer Prognose möglich, jedoch empfiehlt sich, wegen der im allgemeinen schlechteren Qualität diese nur bei frühem Daten-cut-off zu verwenden),
— die errechnete Schätzgröße als Parameter für die Gradientprüfung und bei der Kontrolle extremer Fall- und Steiggebiete.

Als zusätzliche Beobachtungsdaten des gleichen oder eines anderen meteorologischen Elementes, z. T. in Verbindung mit errechneten Werten, werden verwendet:

— asynoptische Wetterschiffsbeobachtungen bei der Druckkontrolle,
— TEMP-Daten und überwiegend asynoptische SATEM-Daten bei der Prüfung der SATEM-Daten,
— die gemeldete Windgeschwindigkeit und der Schätzwert des Massenfeldes bei der Festlegung der erlaubten Toleranz.
— die gemeldete und errechnete Windgeschwindigkeit in der Gradientprüfung.

Diese zusätzliche Information und das „Austrimmen“ der Algorithmen, d. h. das experimentelle Verbessern der beteiligten empirischen Größen führten zu einer insgesamt guten Qualität der Kontrolle. Die entwickelten Kontrollalgorithmen lösen jedoch — wie erwähnt — nicht vollständig bzw. ungenügend das Problem der Kontrolle extremer und/oder isolierter Beobachtungswerte und mehrerer benachbarter fehlerhafter Daten. Darüber hinaus treten durchaus ab und an Zufallskonstellationen auf, die für den Betrachter relativ einfache Kontrollsituationen darstellen, jedoch im Algorithmus zu falschen Entscheidungen führen.

Deshalb ist die Einführung weiterer zusätzlicher Information notwendig. Zu prüfen ist, welche Information möglich und sinnvoll ist und wie die sich daraus ergebenden Kontrollmöglichkeiten mit den vorhandenen Kontrollalgorithmen verbunden werden können und sollen.

Es gibt zwei prinzipielle Möglichkeiten der Art der Einführung zusätzlicher Information für die horizontale Kontrolle. Das ist einmal die Verwendung zusätzlicher Information bei der Berechnung der Schätzgröße, d. h. im Interpolationsansatz (analog der Verwendung des Prognosewertes bei der Geopotentialkontrolle) und zum anderen die Nutzung zusätzlicher Information in einer separaten Prüfung zusätzlich zu dem vorhandenen Kontrollalgorithmus.

Für die Verwendung zusätzlicher Information im Interpolationsansatz kommen nur das gleiche meteorologische Element anderer Herkunft oder solche meteorologischen Elemente in Frage, die nutzbare Korrelationen zu der zu prüfenden Größe besitzen. Als zusätzliche Information in diesem Sinne wird vorgeschlagen:

— die Verwendung unechter Daten (bogus data, s. unten) gleichen meteorologischen Elementes,
— die Verwendung der Winddaten bei der Kontrolle des Massenfeldes und die gegenseitige Verwendung der Elemente des Massenfeldes (Geopotential bzw. Bodendruck und Temperatur) bei der Kontrolle,
— die Verwendung der Bodeninformation für die Kontrolle der darüberliegenden Niveauflächen.

Die Verwendung fiktiver Daten (bogus data) ist nicht nur ein Mittel zur direkten Verbesserung der Analysequalität, sondern auch eine Methode zur Verbesserung der Kontrolle extremer und/oder isolierter Daten und somit eine indirekte Verbesserungsmöglichkeit. Der Synoptiker erzeugt diese Daten aus allen ihm zur Verfügung stehenden Unterlagen und seiner Erfahrung für Gebiete mit a priori geringer Informationsdichte und für Gebiete mit kräftigen meteorologischen Entwicklungen. Diese Daten werden durch eine geeignete Zugriffstechnik und möglichst nahe dem Zeitpunkt des Starts des Analyseprogramms der im Zentrum eingegangenen meteorologischen Information hinzugefügt. Durch diese Daten werden die in diesen Gebieten liegenden Beobachtungen, im ersten Fall die wichtige Einzelmeldung, im zweiten Fall der extreme Wert, „gestützt“, d. h., durch die nun benachbarte Lage wird ein Verwerfen der vorhandenen Beobachtungsdaten ausgeschlossen. Die „bogus data“ selbst brauchen nicht kontrolliert zu werden. Sie erhalten aber einen größeren „Beobachtungsfehler“ als die beobachtete Information. Im zuerst Genannten besteht eine Gefahr der Verwendung dieser fiktiven Werte.

Vom Synoptiker erzeugte falsche Werte wirken sich gravierend auf die Kontrolle und das Analyseergebnis aus. Deshalb erscheint es zweckmäßig, die „bogus data“ der Kontrollprozedur anzubieten und bei Fehlerverdacht entsprechend dieser Prozedur durch den Synoptiker mittels der vorhandenen Kommunikationsmöglichkeit die Entscheidung über den Verbleib dieser Meldung zu treffen. Dadurch wird eine fehlerhafte Datennutzung ausgeschlossen.

Die Verwendung von „bogus data“ ist aus den genannten Gründen für die Kontrolle des Bodendruckes, aber vor allem der Drucktendenz von großer Bedeutung. Erforderlich ist für den Synoptiker eine Trainingszeit hinsichtlich der Erzeugung dieser Daten und die Sammlung von Erfahrungen bezüglich der Wirkung dieser Daten in der Kontrolle und bei der Berechnung der Analyse. Das ist durchaus ein Element der Mensch-Maschine-Wechselwirkung (s. Abschn. 7.).

Eine zweite Möglichkeit der Nutzung zusätzlicher Information im Interpolationsansatz besteht in der Verwendung der Winddaten bei der Kontrolle des Massenfeldes und der gegenseitigen Verwendung der Elemente des Massenfeldes bei der Kontrolle. Die Errechnung der Schätzgröße für einen zu kontrollierenden Geopotential- bzw. Druckwert aus diesen Daten und der Windinformation könnte in der von KLUGE (1970) vorgeschlagenen Weise erfolgen, die bei der Gitterpunktsinterpolation (s. Abschnitt 6.1.) ohnehin Verwendung findet. Für die Geopotentialkontrolle ist in Anbetracht der sehr guten Kontrollergebnisse die Nutzung der Windinformation nicht erforderlich, obwohl die Winddaten gerade in der freien Atmosphäre besonderes Gewicht haben. Für die Kontrolle der Bodendruckwerte wäre eine zusätzliche Information sehr nützlich, jedoch führen die Winddaten wegen der Irregularität im Windfeld (Orographie, Reibung), der schlechteren Qualität der Winddaten auf fahrenden Schiffen und letztlich wegen der in der Methode von KLUGE (1970) verwendeten geostrophischen Beziehung nicht zu einer Verbesserung der Kontrolle.

Unter der gegenseitigen Verwendung der Elemente des Massenfeldes bei der Kontrolle soll die zusätzliche Verwendung von Temperaturwerten in dem Kontrollansatz für Geopotential und Bodendruck verstanden werden bzw. für die Kontrolle der Temperatur zusätzlich die Geopotential- bzw. Druckwerte. Die Modellierung der statistischen Beziehungen muß dabei ausgehend von der statistischen Grundgleichung erfolgen.

Die Nutzung des jeweils anderen Elementes des Massenfeldes als zusätzliche Information ist sicher nicht das Mittel zur Lösung der genannten problematischen Kontrollsituationen. Es wird nur eine gewisse Modifizierung der Schätzung eintreten.

Die Möglichkeit der Verwendung der Bodendruckbeobachtungen der fahrenden Schiffe für die Kontrolle der TEMP- und SATEM-Geopotentialdaten in 850 und 700 mbar geht von der von BAGROV (1978) vorgeschlagenen und realisierten Nutzung dieser Schiffsdaten für eine nur TEMP-Geopotentialdaten verwendende Analyse dieser Flächen aus. Die Schiffsbeobachtungen dienen also zur Belegung des nur durch Wetterschiffsbeobachtungen belegten Atlantiks. Das Verfahren basiert darauf, aus dem Temperaturwert am Boden und einer vertikalen klimatologischen Temperaturdifferenz eine Schichtmitteltemperatur zu berechnen und mit dem Bodendruckwert den Geopotentialwert zu bestimmen, der dann mit einem größeren und unterschiedlichen Fehler für die beiden Niveaus in die Interpolation eingeht. Der Nachteil dieses Verfahrens besteht in der klimatologischen Schätzung der vertikalen Temperaturabweichung. Die Nutzung von SATEM-Daten, eine aktuelle Schätzung des Temperaturunterschiedes, ist dem gegenüber vorzuziehen.

Der Einsatz der BAGROVschen Methode erfordert auch ein Abgehen von einem einheitlichen Gewichtesatz für alle zu analysierenden Niveaus, da es sich wegen der klimatologischen Schätzung der Temperaturabweichung und der vertikalen Übertragung der Schiffsposition nur empfiehlt, dieses Verfahren für 850 und 700 mbar einzusetzen.

Bei Nutzung von SATEM-Daten ist die beschriebene Prozedur wegen der durch SATEM-Daten besseren Schätzung der Temperaturabweichung und der genügenden Informationsdichte nicht für die Verbesserung der Kontrolle und auch nicht der Analyse erforderlich (s. auch KLUGE, 1982).

Als besonders nachteilig bei dem BAGROVschen Ansatz muß die vertikale Übertragung der Schiffsposition auf die darüberliegenden Flächen gewertet werden, da dadurch vorhandene Neigungen der vertikalen Zentralachse barischer Zentren (besonders von Tiefdruckgebieten) verfälscht werden, die gerade für beginnende meteorologische Entwicklungen kennzeichnend sind.

Die zweite prinzipielle Möglichkeit der Nutzung zusätzlicher Information beteht in separaten, d. h. vom vorhandenen Kontrollalgorithmus getrennten Prüfungen mit zusätzlicher Information. Folgende Prüfungen bieten sich an:

- Prüfung mit Prognosedaten,
- Prüfung mit Vortermindaten (Beobachtungen oder Analyse),
- Prüfungen mit anderen beobachteten Elementen aus der Meldung, die korrelativ zum zu prüfenden Element sind.

Der Vergleich mit einem Feld erster Näherung (first guess; Prognose bzw. Vorterminanalyse, eine erste Analyse wird bereits in der iterativen Kontrolle genutzt) sollte in den Situationen mit Fehlerverdacht und für die verworfenen Meldungen erfolgen. Es empfiehlt sich aber auch, diese Prüfungen auf Meldungen in Gebieten mit geringer Informationsdichteauszudehnen, um die durch den Algorithmus sofort als „richtig" bewerteten Daten zu prüfen, die, wenn sie fehlerhaft sind, wegen ihrer Exponiertheit zu gravierenden Fehlern im Analysefeld führen. Die Prüfung kann in Analogie zum Kriterium (7) erfolgen.

Diese Prüfung mit einer Prognose für die Elemente Geopotential, Bodendruck und Temperatur ist deshalb von Vorteil, da sie als *separate* Prüfung durchgeführt wird. Zusätzliche Prüfungen und damit zusätzliche Entscheidungen sind dem Einbringen weiterer zusätzlicher Informationen in schon vorhandene, nicht triviale und vor allem numerische optimierte Kontrollalgorithmen (wie die in den beiden vorangegangenen Abschnitten beschriebenen Prozeduren) vorzuziehen. Ein weiteres Einbringen der genannten zusätzlichen Information in bereits vorhandene Prozeduren führt eben auch wieder nur zu *einem* Kontrollergebnis mit seinen Zweifelsfällen. Eine neue Qualität erhält man nur, wenn für die Entscheidung der Zweifelsfälle durch eine oder mehrere zusätzliche Kontrollaussagen aus anderen separaten Prüfungen mehr Information zur Verfügung steht.

Weitere zusätzliche separate Prüfungen bestehen in der Prüfung mit anderen beobachteten Elementen aus der Meldung, die korrelativ zum zu prüfenden Element sind, und/oder mit einem oder mehreren Vortermindaten. Diese zusätzlichen Prüfungen sollen einfache Zusammenhänge zwischen dem zu prüfenden Element und vorhandenen Elementen des gleichen Termins bzw. der Beobachtungen der Vortermine brücksichtigen und vorliegende widersprüchliche Kontrollergebnisse entscheiden. Solche Zusammenhänge bestehen zwischen Geopotential bzw. Bodendruck und Temperatur, Massenfeld und Windfeld, Bodendruck und Drucktendenz, Bodendruck, Drucktendenz und den Wettererscheinungen, Temperatur und Taupunkt. Besonders der zeitliche Verlauf einzelner Elemente wie z. B. Bodendruck und Drucktendenz ist eine wichtige Größe. Liberman (1980) und Kljagina (1980) geben eine Prüfung der zeitlichen Konsistenz der aerologischen und Bodendruckdaten unter Verwendung einer zeitlichen Korrelationsfunktion und daraus folgend einen zeitlichen Interpolationsfehler an. Diese Prüfung könnte auch als separate Prüfung genutzt werden.

Zusammenfassend zu dem gesamten Problemkreis der Einführung weiterer zusätzlicher Information bei der horizontalen Kontrolle kann man feststellen, daß nur bestimmte Informationsarten eine weitere Verbesserung der Kontrolle versprechen. Diese sind nach Meinung des Autors:

- fiktive Daten als zusätzliche Information im Interpolationsansatz (8) und den nachfolgenden Prozeduren (Abschnitt 5.1.1., 5.1.2.),
- Prognosedaten als separate Prüfung (zweite Prüfung),
- Daten anderer Elemente der Meldung bzw. Vortermindaten der zu prüfenden Größe und der anderen Elemente zur Nutzung in weiteren separaten und vor allem einfachen Prüfungen als Hilfsmittel beim Entscheid widersprüchlicher Ergebnisse der anderen beiden Kontrollmethoden.

Das Einbringen dieser zusätzlichen Information, das Algorithmisieren zu den jeweiligen Prozeduren, vor allem aber die Erarbeitung des Entscheidungsalgorithmus in Auswertung aller Teilprüfungen (auch vertikaler Kontrollen) ist gerade eine komplexe Kontrolle für das betreffende Element bzw. ein beträchtlicher Schritt in diese Richtung. Dieses ist nicht Zielstellung dieser Arbeit. Es sollte hier ein Ausblick gegeben werden, welche Information für eine Verbesserung der automatischen Kontrolle, d. h. ohne Mensch-Maschine-Wechselwirkung, geeignet ist, und des weiteren aufgezeigt werden, welche Schritte noch vom vorliegenden Kontrollapparat zu einer komplexen Kontrolle des Massenfeldes zu gehen sind. Die nach Realisierung des aufgezeigten Weges noch verbleibenden Kontrollprobleme sind nach Meinung des Autors nur durch die Einbeziehung des Menschen in den Kontrollprozeß zu lösen (s. Abschnitt 7.).

Die notwendige Einbeziehung vertikaler Kontrollen in den Entscheidungsprozeß erfordert neben der klassischen hydrostatischen Kontrolle für Geopotential und Temperatur des TEMP PART A auch eine vertikale Kontrolle der relativen Topographien des SATEM PART A. Von Gandin und Tarakanova (1980a, b) wurde eine Methode zur Kontrolle dieser Daten angegeben. Es werden aus den RETOP's Schichtdicken errechnet. Die einzelnen Schichtdicken werden mit durch Interpolation aus den benachbarten Schichtdicken gewonnenen Werten verglichen. Die zu verwendenden Gewichte und Toleranzen für diese Prüfung wurden aus der vertikalen statistischen Struktur des relativen Geopotentials gewonnen. Zur Verbesserung dieser Prüfung könnten auch die Temperaturdaten an den markanten Punkten des SATEM PART B genutzt werden.

5.2. Nutzung der Kontrollprozedur des Massenfeldes für die Kontrolle des Taupunktes und der Taupunktsdifferenz

Die klassische Prozedur für die horizontale Kontrolle des Massenfeldes nach Beziehung (7) und (8) wurde für die Taupunktstemperatur am Boden (T_d), die (errechnete) Taupunktsdifferenz am Boden (τ_0) und die (beobachtete) Taupunktsdifferenz (τ) in der Höhe angewendet. Da die entsprechenden Analysen noch nicht operativ genutzt werden, können hier nur erste Ergebnisse hinsichtlich der Kontrolle mitgeteilt werden (s. Tabelle 1).

Besondere Probleme bei der Kontrolle der Werte und für die Berechnung der Analyse bestehen darin, daß die Taupunktstemperatur in den Meldungen von Schiffen öfter nicht angegeben ist und auf dem 300-mbar-Niveau etwa $^1/_3$ der Werte der Taupunktsdifferenz fehlen. Beides beruht auf der Meßproblematik. Bei der Berechnung der Taupunktsdifferenzanalyse treten durch die Interpolation zwangsläufige Werte geringer als Null auf. In diesem Fall wird der Analysewert gleich Null gesetzt.

Tabelle 1
Parameter und Ergebnisse der horizontalen Kontrolle des Taupunktes und der Taupunktsdifferenz

Element	Zahl umliegender Stationen	Parameter der Korrelationsfunktion (9)	$K\sigma$ in Beziehung (7)	Beobachtungsfehler	Verwerfungsquote
T_d	4	0,5	40	0,02	etwa 5 %
τ_0	4	0,15	25	0,02	etwa 5 %
τ	5 bzw. 8 (je nach Netzdichte)	0,5	$K = 5$ σ: Dispersion des Geopotentials	0,02	etwa 2—5 %

5.3. Horinzontale Kontrolle der Windinformation

Die Verwendung der Winddaten bei der numerischen Analyse des Massenfeldes (Bodendruckfeld bzw. Geopotentialfeld) erfordert eine Kontrolle der Winddaten. Die statistische Struktur des Windfeldes, der Informationsumfang und die Qualität der Windmessungen sind am Boden und in der Höhe unterschiedlich. Während unter den Bodenwinddaten im Analysegebiet durch ihre Vielzahl, den orographischen und Reibungseinfluß eine größere Anzahl fehlerhafter Daten sind bzw. Daten, die im Sinne des Interpolationsansatzes (s. Abschnitt 6.1.) ungeeignet sind, treten in der freien Atmosphäre bei einem prinzipiell größeren Gewicht der Windinformation nur wenige falsche Daten auf. Während die Kontrollprozedur am Boden deshalb mehr eine qualitative Prüfung zu sein braucht, geht es in der Höhe bereits wieder um den Einzelwert.

Da die zu prüfende Windinformation nur als Zusatzinformation bei der Gitterpunktsinterpolation verwendet wird, erscheint es ausreichend, den Wind am bereits kontrollierten Massenfeld zu prüfen. Es bieten sich für diese operative Prüfung die geostrophische Beziehung und die Gradientwindbeziehung an. Die Kontrollprozeduren müssen so wirken, daß extreme Änderungen des Massenfeldes durch die Verwendung der Windinformation bei der Interpolation vermieden werden.

Die Prüfung der Winddaten wird nach der Prüfung des Massenfeldes vorgenommen. Vor dieser horizontalen Prüfung der Winddaten wurde entsprechend unserem technologischen System der numerischen Wettervorhersage (Abb. 1, Struktur A) nur eine einfache Prüfung der vertikalen Änderung der Windgeschwindigkeit und Windrichtung der TEMP-Daten nach HINKELMANN (1969, vgl. GERICKE 1978) in der primären Datenbearbeitung durchgeführt. Da die horizontale Prüfung gegenüber dieser einfachen vertikalen Kontrolle ein bedeutend größeres Gewicht hat, werden die Prüfkennungen der vertikalen Kontrolle bei der horizontalen Prüfung nicht berücksichtigt.

5.3.1. Kontrolle der Winddaten unter Verwendung der geostrophischen Beziehung

Das Prinzip dieser Prüfung besteht darin, unter Ausnutzung der Korrelation zwischen Massen- und Windfeld aus dem Massenfeld (Beobachtungsdaten, Analysefeld, Prognosefeld) im allgemeinen mit Hilfe der Methode der optimalen Interpolation die Gradienten (für beide Achsenrichtungen des kartesischen Systems) zu bestimmen und diese mit der geostrophischen Beziehung in Windrichtung und Windgeschwindigkeit umzurechnen und mit den errechneten Werten die Prüfung der beobachteten Winddaten vorzunehmen.

Eine Prüfung an einem Analysefeld erster Näherung ist nur in einem iterativen Analyseverfahren möglich. Die sich dort dann ergebenden Möglichkeiten sind im nächsten Abschnitt beschrieben. Die Prüfung am Prognosefeld bietet sich für Gebiete mit geringer Informationsdichte bei ausreichender Qualität der zur Verfügung stehenden Prognose an (s. unten).

Im folgenden soll das Verfahren der Prüfung der Bodenwinddaten und der Winddaten der freien Atmosphäre unter Verwendung der Beobachtungsdaten des Bodendruckes bzw. des Geopotentials (TEMP- sowie SATEM-Werte) dargestellt werden (vgl. KLUGE, STAHNKE-JUNGHEIM, VOLLBRECHT 1977, STAHNKE-JUNGHEIM 1978).

Die Gradienten des Bodendruckes bzw. des Geopotentials an der zu kontrollierenden Station erhält man durch Addition der Grundfeldwerte und der mittels optimaler Interpolation geschätzten Abweichungen der Gradienten.

Die Grundfeldwerte der Gradienten werden aus den klimatologischen Normwerten der jeweiligen Jahreszeit berechnet, die in Form von Gitterpunktswerten vorliegen. Es werden zuerst für die vier umliegenden Gitterpunkte die Gradienten aus dem Normfeld berechnet (z. B. durch zentrierte Differenzen) und dann durch bilineare Interpolation (s. PANOFSKY, 1949) die Grundfeldwerte des Gradienten an der zu kontrollierenden Station bestimmt.

Der Schätzwert für die Abweichung des Gradienten von seinem Grundfeldwert wird mit dem Verfahren der optimalen Interpolation aus n_w umliegenden Beobachtungen des Massenfeldes bestimmt:

$$\frac{\partial f_k^+}{\partial x_l} = \sum_{i=1}^{n_w} p_i^{(l)} \tilde{f}_{k,i}, \qquad (15)$$

$\tilde{f}_{k,i}$ ist die Abweichung des beobachteten Elementes f (Druck- oder Geopotential) der i-ten umliegenden Station auf dem k-ten Niveau von seinem Grundfeld, k bezeichnet das zu kontrollierende Niveau, l die Richtung des kartesischen Systems ($x_1 = x$, $x_2 = y$). Die Gewichte $p_i^{(l)}$ hängen nicht vom Niveau k ($k = 1, \dots, 4$ für 850, 700, 500, 300 mbar) ab, d. h., auch bei der Windkontrolle wird das Prinzip der Verwendung eines einheitlichen Gewichtesatzes für alle Niveaus — ein Grundprinzip — beibehalten. Diese Verfahrensweise (wie auch bei der Gitterpunktsinterpolation) setzt voraus, daß auf jeder Niveaufläche die gleichen Beobachtungen des Geopotentials vorliegen. Um das zu erreichen, müssen nach der Geopotentialkontrolle alle verworfenen Werte auf den einzelnen Niveaus (wenn nicht der gesamte Aufstieg fehlerhaft war) und fehlende Niveaus durch errechnete Werte ersetzt werden, z. B. nach dem gleichen Prinzip wie die Berechnung der Schätzgröße bei der Geopotentialkontrolle. Dieses Vorgehen ist in Anbetracht der geringen Anzahl der zu ersetzenden Niveaus und ihrer nur sehr selten isolierten Lage bei den TEMP-Daten als Hauptinformation zu vertreten. Auch für SATEM-Daten ist dieses horizontale Ergänzen eine ausreichende Näherung. Zwar ist die Zahl der zu ersetzenden Werte größer und ihre Lage zum Teil isolierter als bei TEMP-Werten, jedoch werden die SATEM-Werte auch nur als Zusatzinformation verwendet.

Die Gewichte $p_i^{(l)}$ bestimmen sich aus der bekannten Minimumforderung (2) für den wahren und geschätzten Wert der Abweichung des Gradienten und führen zu folgendem Gleichungssystem (s. Abschnitt 6.1.):

$$(K_{ij})\,(p_j^{(l)}) = (K_i^{(l)})\,, \qquad (16)$$

mit K_{ij}-den Korrelationen des Massenfeldes nach Gleichung (9) und den Korrelationen zwischen Massen- und Windfeld

$$K_i^{(l)} = \frac{1}{L^2}(x_0^{(l)} - x_i^{(l)}) \exp(-r_{ij}/L) . \qquad (17)$$

Hierin bedeuten r_{ij} den Abstand der i-ten von der j-ten Station, $x_0^{(1)}$, $x_i^{(1)}$ die x-Koordinaten der zu kontrollierenden bzw. der i-ten umliegenden Station und $x_0^{(2)}$, $x_i^{(2)}$ die entsprechenden y-Koordinaten. Man beachte, daß die Größen r_{ij}, $x_0^{(l)} - x_i^{(l)}$ die Entfernung in der Natur bedeuten, d. h., die Abstände auf der Projektion müssen durch einen Projektionsfaktor entsprechend modifiziert werden.

Mit den $p_i^{(l)}$ ist dann auch der theoretische Interpolationsfehler gegeben (STAHNKE-JUNGHEIM, 1978):

$$\varepsilon_{(l)}^2 = 1 - \frac{\sum_{i=1}^{n_w} p_i^{(l)} K_i^{(l)}}{1/L^2 + z} , \qquad l = 1, 2 , \qquad (18)$$

$$\varepsilon^2 = \frac{1}{2}(\varepsilon_{(1)}^2 + \varepsilon_{(2)}^2) . \qquad (19)$$

z ist der relative Beobachtungsfehler des Gradienten. Für den Boden wird $z = 0{,}05$ und in der freien Atmosphäre $z = 0{,}03$ gewählt. Für den Parameter L gilt, wie weiter oben angeführt, $L = 0{,}8$ (Boden) und $L = 1{,}0$ (freie Atmosphäre). Am Boden werden fünf umliegende Stationen mit einem Abstand von mehr als 150 km von der zu kontrollierenden Station (wegen der sonst zu kleinen Korrelation; der Abstand entspricht Korrelationen, die größer als die Hälfte der maximalen Korrelation sind) und in der Höhe je nach Gebietsdichte fünf umliegende Stationen (nur TEMP-Werte) bzw. acht Stationen (TEMP- und SATEM-Werte, mindestens drei TEMP's) verwendet.

Aus den errechneten Gradienten werden dann mit Hilfe der geostrophischen Beziehung für unser Achsenkreuz (Abzisse nach Osten, Ordinate nach Süden gerichtet) über die Windkomponenten die interpolierte Windgeschwindigkeit v_k^+ und die Richtung d_k^+ ermittelt (s. STAHNKE-JUNGHEIM, 1978). Bei der Bestimmung der Geschwindigkeit ist durch einen Faktor die Umrechnung der differentiellen Abstände der Gradienten von der Projektion in die Natur zu berücksichtigen und bei der Windrichtung die Umrechnung vom kartesischen System in das geographische System der Windrichtungsmessung.

Die Prüfung der gemeldeten Windrichtung $\tilde{d}_k$ und Windgeschwindigkeit $\tilde{v}_k$ erfolgt in Analogie zu Gleichung (7) nach folgenden Kriterien:

$$|\tilde{v}_k - v_k^+| \leqq K F_1 \sqrt{\varepsilon^2} , \qquad (20)$$

$$|\tilde{d}_k - d_k^+| \leqq K F_2 \sqrt{\varepsilon^2} , \qquad (21)$$

K ist eine Konstante, die zunächst gleich Eins gesetzt wird. F_1 (m/s) und F_2 (Grad) sind empirische Funktionen, die von der errechneten Windgeschwindigkeit und der Niveaufläche abhängen. Sie repräsentieren die Dispersion der zu prüfenden Elemente und berücksichtigen in gewisser Weise auch die am Boden und im 300-mbar-Niveau auftretenden ageostrophischen Abweichungen. Denkbar wäre anstelle der Prüfung von Windrichtung und Windgeschwindigkeit auch ein Vergleich der Windkomponenten oder nur eine Prüfung des Betrages des Windvektors. Letzteres ist als Prüfkriterium offensichtlich zu schwach und würde keine separate Prüfung der Richtung und Geschwindigkeit zulassen, und damit in dem Fall, daß einer der beiden Windwerte richtig ist, a priori Information bei der Interpolation verschenken. Zum anderen ist die Prüfung der Richtung und Geschwindigkeit anschaulicher als die der Komponenten.

Die für die Kontrolle der Bodenwinddaten als erste Arbeitsgrundlage durch Falluntersuchungen ermittelten Funktionen sind Tabelle 2 zu entnehmen (vgl. KLUGE, STAHNKE-JUNGHEIM, VOLLBRECHT, 1977). Mit

Tabelle 2
Empirische Funktionen F_1 und F_2 für die Kontrolle der Bodenwinddaten

v^+	0—5	5—7	7—10	10—15	15—20	>20
F_1	6	6	6	8	10	12
F_2	100	60	40	40	40	40

diesen Funktionen wurden folgende mittlere Verwerfungsquoten bei der Kontrolle der Bodenwinddaten erzielt (s. Tabelle 3).

Tabelle 3
Mittlere Verwerfungsquoten bei der Kontrolle der Bodenwinddaten

	über See	über Land
Windrichtung und Windgeschwindigkeit falsch	15—35%	10—30%
nur Windrichtung falsch	15—25%	10—20%
nur Windgeschwindigkeit falsch	5—15%	5—15%
Windrichtung und Windgeschwindigkeit richtig	45%	55%
keine Windangaben	5—10%	2—3%

Wegen der relativ hohen Verwerfungsquoten in dieser wie auch in nachfolgenden Tabellen erscheint es zweckmäßig, noch einmal das Ziel der Kontrolle der Winddaten zu erläutern. Es geht hierbei nicht in erster Linie um die Prüfung der Korrektheit des Wertes an sich, sondern um die Bereitstellung kontrollierter Daten, die repräsentativ für eine Verwendung in einer numerischen Analyse sind. Die Gesamtheit der Winddaten stellt bezüglich des Massenfeldes ein Störungsfeld dar, aus dem eben nur die für die Analyse des Massenfeldes relevanten Daten zu verwenden sind.

Der Algorithmus der Kontrolle der Bodenwinddaten verläuft wie folgt:

— Windrichtung und Windgeschwindigkeit falsch: die Windinformation wird verworfen,

- Windrichtung falsch, Windgeschwindigkeit richtig: falls die Terminangabe unsicher ist oder der Druckwert der Station durch die Druckkontrolle verworfen wurde, wird die Windinformation verworfen; im anderen Fall wird die gemeldete Windrichtung durch die errechnete Richtung ersetzt,
- Windgeschwindigkeit falsch, Windrichtung richtig: die beobachtete Windgeschwindigkeit wird durch die errechnete Geschwindigkeit ersetzt,
- bei v^+ geringer als 3 m/s findet keine Richtungsprüfung statt,
- bei umlaufenden Winden bzw. Windstille wird geprüft, ob die errechnete Windgeschwindigkeit geringer gleich 3 m/s ist, sonst wird die Windinformation verworfen.

Durch die Strategie der ersetzten Werte wird abgesichert, daß keine richtige Information verloren geht. Die relativ hohe Zahl der verworfenen Winddaten über dem Kontinent spiegelt den Einfluß der Orographie wider, der sogar noch etwas höhere Prozentsatz über See verweist auf die geringe Stationsdichte und die Schwierigkeit der Windbestimmung auf einem fahrenden Schiff an sich, was durch die Prozentzahl für „nur Windrichtung falsch" bestätigt wird. Die Kontrolle der Winddaten wird für das gesamte Analysegebiet durchgeführt, obwohl der Wind bei der Interpolation später nur für Gitterpunkte in ausgewählten Seegebieten verwendet wird. Dieses Vorgehen sichert aber die Verwendung der Winddaten von Küstenstationen bei der Interpolation.

Mit dem vorgestellten Kontrollalgorithmus wurde die erste operative Variante einer Bodendruckanalyse unter Verwendung von Druck- und Winddaten im NMZ der DDR realisiert. Die Qualität der Analyse war zwar besser als die ohne Windinformation, jedoch führte eine prinzipielle Verbesserung der Analyse durch ein Iterationsverfahren (s. Abschnitt 6.4.1.) dazu, auch die Einbeziehung des Windes in diesem Rahmen und damit auch die Kontrolle der Winddaten neu zu durchdenken (s. nächsten Abschnitt).

Die Abweichung des Bodenwindes vom geostrophischen Wind wurde bei der Prüfung der Windrichtung durch die Anbringung einer Korrektur berücksichtigt. Über See wurde die errechnete Windrichtung um 20 Grad und über Land um 40 Grad verringert. DRUYAN (1972) gibt eine Beziehung für die Abweichung D zwischen beobachteter und geostrophischer Windrichtung für Beobachtungen über See und einen Zusammenhang zwischen beobachteter und geostrophischer Windgeschwindigkeit v_G an. Die Beziehungen haben sich in der Praxis bewährt und werden im NMZ Washington in der operativen Analyse des Bodendruckes unter Einbeziehung des Bodenwindes verwendet (MCPHERSON u. a., 1979). Es ist

$$v_G = 1{,}91\,\tilde{v} - 5{,}97 \quad \text{für} \quad \tilde{v} > 3{,}2 \tag{22}$$

und

$$D = -17{,}3\,\tilde{v}/v_G + 26{,}5 + 0{,}04\,(\varphi - 35)\,, \tag{23}$$

φ: geographische Breite (Grad), D (Grad), v, v_G (Knoten). Die nach Gleichung (23) berechnete ageostrophische Richtungsabweichung D bestätigt etwa die über See angenommenen Werte von 20 Grad (für $^1/_2 < \tilde{v}/v_G \leqq 1$ variiert D zwischen 10 Grad und nahe 20 Grad). Inwieweit die Beziehungen (22), (23) für die Windkontrolle von Bedeutung sind, soll bei der verbesserten Kontrolle der Bodenwinddaten, die im nächsten Abschnitt beschrieben wird, ausgewiesen werden.

Die Ermittlung erster Schätzungen der empirischen Funktionen F_1 und F_2 für die freie Atmosphäre wurde mit Hilfe vom Häufigkeitsverteilungen (s. STAHNKE-JUNGHEIM, 1978) vorgenommen. Es wurden in Abhängigkeit vom Niveau und der errechneten Windgeschwindigkeit Toleranzen für die Abweichungen der errechneten von den gemessenen Windwerten ermittelt. Die so gewonnenen Toleranzen wurden dann durch Berücksichtigung des theoretischen Interpolationsfehlers in die Funktionen F_1 und F_2 umgewandelt, die dann durch numerische Teste und die operative Erprobung weiter modifiziert wurden. Tabelle 4 enthält die Werte der seit 1979 für die operative Windkontrolle verwendeten Funktionen F_1 und F_2 (s. KLUGE, STAHNKE-JUNGHEIM, VOLLBRECHT 1980).

Die Windkontrolle wird durchgeführt, wenn mindestens in einem der vier Niveaus der zu kontrollierenden Station der Wind gemeldet ist. Sind Windgeschwindigkeit und -richtung falsch, so wird der Wind auf diesem Niveau verworfen. Ist nur einer der beiden Werte falsch, wird dieser durch den errechneten ersetzt und entsprechend gekennzeichnet. Nach Abschluß der Kontrolle jeder Station wird gefragt, ob alle gemeldeten Winddaten richtig sind. Wenn ja, wird geprüft, ob es Niveaus gab, wo kein Wind gemeldet war; ist das der Fall, so werden dafür die errechneten Werte eingesetzt. Wenn mindestens in einem Niveau beide Windwerte bzw. alle Windrichtungen oder alle Windgeschwindigkeiten auf den Niveaus richtig waren, werden die falschen bzw. die fehlenden Werte auf den anderen Niveaus durch die errechneten Werte ersetzt. Dadurch wird erreicht, daß alle benötigten Niveaus Windrichtung und Windgeschwindigkeit

Tabelle 4
Empirische Funktionen F_1 (m/s) und F_2 (Grad) für die Kontrolle der Winddaten des TEMP PART A

v^+	0–5		5–10		10–15		15–20		20–25		25–30		30–35		>35	
Niveau	F_1	F_2	F_1	F_2	F_1	F_2	F_1	F_2	F_1	F_2	F_1	F_2	F_1	F_2	F_1	F_2
850	20	200	25	170	25	150	25	110	25	110	25	110	25	110	25	110
700	20	200	25	170	25	150	25	110	25	110	25	110	25	110	25	110
500	20	200	25	170	25	150	25	110	30	110	35	110	35	110	40	110
300	20	200	25	170	25	150	25	110	30	110	40	110	45	110	55	110

enthalten oder kein Niveau. Somit ist auch die gleiche Anordnung der Winddaten auf allen Niveaus als eine Voraussetzung für die Gitterpunktsinterpolation mit einem einheitlichen Gewichtesatz gegeben. Die ersetzten Werte werden gekennzeichnet. Das erlaubt, für die Aufstiege mit einer Reihe ersetzter Winddaten bei der Gitterpunktsinterpolation einen größeren Fehler nach einem einfachen linearen Näherungsansatz (zwischen dem relativen Beobachtungsfehler und dem theoretischen Interpolationsfehler der Windkontrolle) anzusetzen (s. STAHNKE-JUNGHEIM, 1978).

Mit den empirischen Funktionen F_1 und F_2 nach Tabelle 4 bei einem durchschnittlichen Angebot von 170 TEMP-Meldungen (einschließlich der vier Wetterschiffe und einzelner Forschungsschiffe) und 20—40 SATEM-Meldungen im Analysegebiet wurden nach dem vorgestellten Algorithmus folgende Ergebnisse erzielt (Tabelle 5).

Tabelle 5
Mittlere Verwerfungsquoten bei der Kontrolle der Winddaten des TEMP PART A

Windrichtung und Windgeschwindigkeit falsch	durchschnittlich einmal auf einem Niveau pro Termin
nur Windrichtung falsch	durchschnittlich viermal pro Termin (für alle Niveaus)
nur Windgeschwindigkeit falsch	durchschnittlich viermal pro Termin (für alle Niveaus)
Windrichtung und Windgeschwindigkeit richtig	97,5—99,5% der zu kontrollierenden Daten
keine Windangaben	bei 2—5% der Daten

Die Zahl der verworfenen Daten schwankt dabei von 0—5% der Windwerte eines Niveaus. Es treten mit Ausnahme der Kontrolle der Windgeschwindigkeit im 300-mbar-Niveau keine Unterschiede in den Verwerfungsquoten für Richtung und Geschwindigkeit und für die einzelnen Niveaus auf. Im 300-mbar-Niveau treten auf Grund der Ageostrophie Fälle auf, bei denen durch die geostrophische Kontrolle 5—10% der Windgeschwindigkeiten verworfen werden. Es soll versucht werden, diesen Effekt durch eine Kontrolle basierend auf der Gradientwindbeziehung zu vermindern (s. Abschnitt 5.3.3.).

Besonderes Augenmerk wurde auf die Kontrolle der Winddaten der Wetterschiffe gelegt. Der Kontrollalgorithmus wirkt so, daß durchschnittlich jeden zweiten bis dritten Termin ein verworfener Windwert (Windrichtung oder Windgeschwindigkeit) auf einem Niveau auftritt. Das ist etwa die gleiche Quote wie für Nicht-Wetterschiffe. Auch hier ist eine Konzentration auf die Geschwindigkeit im 300-mbar-Niveau festzustellen. Die Anwesenheit einer größeren Zahl von SATEM-Daten wirkt sich günstig auf die Kontrolle der Wetterschiffswinddaten aus, vor allem ab einer Anzahl von 40—50 SATEM-Daten bei etwa gleichmäßiger Verteilung im Atlantik. Da die Winddaten der Wetterschiffe für die Analyse in der freien Atmosphäre auch bei Vorliegen von SATEM-Daten (trotzdem noch geringere Netzdichte als über dem Kontinent und größerer Fehler der SATEM-Geopotentialwerte) eine große Bedeutung haben, ist die Senkung ungerechtfertigt verworfener Winddaten der Wetterschiffe eine wichtige Aufgabe.

Es sollen noch zwei Möglichkeiten der Verfeinerung des vorgestellten Kontrollalgorithmus für die Wetterschiffsdaten genannt werden. Es könnte prinzipiell in Analogie zur Geopotentialkontrolle der Prognosewert des Geopotentials verwendet werden, d. h., als umliegende Daten dann den Prognosewert, mindestens drei TEMP-Werte und als restliche umliegende Werte SATEM-Daten zu nutzen. Bei Fehlen von SATEM-Daten (tritt selten auf), d. h., wo die Wetterschiffe extrem isoliert liegen, könnte die Schätzung des Gradienten direkt aus der vorliegenden 12stündigen Geopotentialprognose erfolgen. Beide Möglichkeiten werden sicher nicht die vorhandenen Kontrollprobleme lösen, dazu sind qualitativ neue Maßnahmen erforderlich.

Die Rechenzeit für die Durchführung der Kontrolle der Winddaten am Boden und in der freien Atmosphäre ist etwa gleich und beträgt auf der EDVA BESM-6 40—60 sec.

5.3.2. Varianten der geostrophischen Prüfung der Winddaten in einem iterativen Analyseverfahren

In einem iterativen Analyseverfahren bieten sich mehrere Varianten der geostrophischen Prüfung der Winddaten an. Das im Abschnitt 6.4.1. beschriebene iterative Verfahren für die Berechnung der Analyse des Bodendruckes und des Geopotentials (s. STAHNKE-JUNGHEIM, 1979) führt *eine* Iteration durch, d. h., die erste Näherung der Analyse wird bei der Berechnung der zweiten Näherung als Grundfeld verwendet. Damit gibt es drei Varianten der geostrophischen Prüfung der Winddaten. Am Beispiel der Kontrolle der Bodenwinddaten wurde ein Vergleich dieser Varianten durchgeführt (s. STAHNKE-JUNGHEIM, 1981a).

Variante A: Berechnung der Gradienten durch optimale Interpolation aus dem Massenfeld unter Verwendung der Klimanormwerte als Grundfeld (s. Abschnitt 5.3.1.).

Variante B: Berechnung der Gradienten durch optimale Interpolation aus dem Massenfeld unter Verwendung der ersten Analyse als Grundfeld.

Der Unterschied zu dem ersten Verfahren besteht darin, die Grundfeldwerte der Gradienten und die Abweichungen der Werte des Massenfeldes aus bzw. mit der ersten Analyse zu errechnen, d. h., ein informativeres Grundfeld zu nutzen. Der geringer gewordene Korrelationsradius im Druckfeld wird durch Verringerung des Parameters L auf $L = 0{,}5$ berücksichtigt. Um abzusichern, daß nur relevante Korrelationen an der Interpolation teilnehmen, werden entsprechend dem in Abschnitt 5.3.1. genannten Prinzip nur Stationen mit einem Abstand größer als 100 km verwendet. Diese Variante der Windkontrolle braucht in dem iterativen Analyseverfahren technologisch erst nach der zweiten horizontalen Druckkontrolle realisiert zu werden. Der Vorteil besteht also neben dem informativeren Grundfeld auch in dem zweimal geprüften Druckfeld.

Variante C: Berechnung der Gradienten ohne optimale Interpolation direkt aus der ersten Analyse durch z. B. zentrierte Differenzen (analog zu der Bestimmung der Normwerte der Gradienten in Abschnitt 5.3.1.). Die Variante ist vom Rechenzeitaufwand die günstigste, da die Zeit für die Aufstellung und Lösung des Gleichungssystems zur Berechnung der Gewichte entfällt.

Der geostrophische Charakter dieser drei Varianten der Windkontrolle tritt einmal durch die Verwendung der geostrophischen Beziehung bei der Umrechnung der Gradienten in Windrichtung und Windgeschwindigkeit auf und zum anderen bei der Aufstellung der statistischen Beziehung zwischen Druck- und Windfeld (bei Variante A und B). Die ageostrophischen Abweichungen werden als weißer Lärm behandelt, d. h., sie führen nur zur Erhöhung der Dispersion der jeweiligen Komponente (s. Abschnitt 6.1., vgl. KLUGE, STAHNKE-JUNGHEIM, VOLLBRECHT, 1977).

Um zu bestimmen, welche der drei Varianten für die Kontrolle der Bodenwinddaten mit dem Ziel der Verwendung der Winddaten bei der Gitterpunktsinterpolation über See die günstigste ist, wurden für etwa 1000 Schiffe im Analysegebiet (10 Termine) die Windrichtung d^+ und die Windgeschwindigkeit v^+ nach den drei Verfahren berechnet und mit den gemeldeten Größen verglichen. Der Vergleich erfolgte an Hand bestimmter Intervalle absoluter Abweichungen zwischen den gemeldeten und berechneten Größen (s. Tabelle 6).

Tabelle 6
Prozentuale Häufigkeiten absoluter Differenzen (Grad bzw. m/s^{-1}) zwischen errechneten und gemeldeten Winddaten über See für die drei Varianten der Windkontrolle

	Optimale Interpolation mit Klimanorm (Variante A)	Optimale Interpolation mit erster Analyse (Variante B)	Gradient direkt aus erster Analyse (Variante C)
$\lvert d^+ - \tilde{d}\rvert \leqq 20$	34,4	39,3	41,9
$\lvert d^+ - \tilde{d}\rvert \leqq 40$	57,3	69,1	71,3
$\lvert v^+ - \tilde{v}\rvert \leqq 2{,}5$	41,6	43,8	47,2
$\lvert v^+ - \tilde{v}\rvert \leqq 5{,}0$	71,6	73,6	75,8

Tabelle 6 macht deutlich, daß die Berechnung der Gradienten direkt aus der ersten Analyse zur besten Approximation von Windrichtung und Windgeschwindigkeit über See führt. Dabei sind die Unterschiede bei der Windrichtung zwischen diesem Verfahren und der optimalen Interpolation mit der ersten Analyse (Variante B) gering, während sie zur optimalen Interpolation unter Verwendung der Normwerte erheblich sind. Bei der Berechnung der Windgeschwindigkeit sind die Unterschiede zwischen den drei Varianten geringer, aber auch hier ist Variante C am günstigsten.

Die Gründe für die bessere Approximation bei der Berechnung der Gradienten direkt aus der ersten Analyse sind folgende. Einmal geht der Druckwert der zu kontrollierenden Station explizit in Form des Analysenwertes bei der Berechnung der Gradienten ein. Das ist besonders in Gebieten mit geringer Netzdichte entscheidend. Bei den Verfahren mit optimaler Interpolation geht dieser Wert einmal gar nicht ein (bei Verwendung der Norm), und wirkt bei der Verwendung der ersten Analyse eben nur über das Grundfeld (deshalb ist Variante B aber auch besser als Variante A).

Ein zweiter Grund für die bessere Schätzung der Windwerte durch die aus dem Analysefeld direkt berechneten Gradienten besteht darin, daß das so bestimmte Gradientfeld über See im Gegensatz zu dem mit statistischer Interpolation bestimmten Gradientfeld ein geringeres Lärmniveau besitzt, was sich in einem ruhigeren Verlauf ausdrückt. Das führt zu einer geringeren Schwankungsbreite der absoluten Differenzen in Tabelle 6.

Die Vorteile eines zweimal kontrollierten Druckfeldes (Variante B) wirken sich hinsichtlich der Berechnung der Gradienten statistisch nicht aus. Nur in den Einzelfällen, in denen der Druckwert einer der umliegenden Stationen davon betroffen ist, kann die Berechnung der Gradienten mit statistischer Interpolation nach der zweiten Druckkontrolle der direkten Berechnung der Gradienten aus der ersten Analyse überlegen sein.

Die Rechenzeit der Vorzugsvariante reduzierte sich gegenüber der Variante mit optimaler Interpolation etwa auf 10 %.

Mit den Werten aus Tabelle 6 können nun die Funktionen F_1 und F_2 bestimmt werden, die für die Prüfungen nach (20) und (21) benötigt werden. In diesen Beziehungen wird die Genauigkeit der Prüfgröße im Interpolationsfehler ε^2 und die Gültigkeit der geostrophischen Beziehung über See und über Land in der Größe K berücksichtigt. Die empirischen Funktionen F_1 und F_2 drücken die statistischen Unterschiede zwischen den berechneten und gemeldeten Werten aus. Eine Abhängigkeit der Funktionen F_1 und F_2 von der errechneten Windgeschwindigkeit wird nicht für erforderlich gehalten, da eine Richtungsdifferenz von 40° und eine Geschwindigkeitsdifferenz von 5 m/s über 70 bzw. über 75 % der Fälle erfaßt.

Mit dieser Strategie finden sich die Werte F_1 und F_2 durch Berücksichtigung des theoretischen Interpolationsfehlers. Bei der direkten Berechnung der Gradienten aus dem Analysefeld steht ein Interpolationsfehler wie bei den anderen beiden Verfahren nicht zur Verfügung. STAHKE-JUNGHEIM (1981a) zeigte, daß der Fehler des Gradienten nur von einem mittleren Interpolationsfehler der Analyse abhängt. Es wird in den Prüfungen (20) und (21) als mittlerer Interpolationsfehler $\overline{\varepsilon^2}$ der Mittelwert der Interpolationsfehler der Gitterpunkte verwendet, die an der Berechnung der Gradienten beteiligt sind. Das sind zwölf Gitterpunkte. Ein mittlerer Wert für $\sqrt{\overline{\varepsilon^2}}$ beträgt 0,20. Mit diesem Faktor sind die o. g. F_1 und F_2-Werte zu modifizieren. Weitere Teste ergaben, daß ein Teil der Windgeschwindigkeitswerte nur knapp verworfen wurde, deshalb wurde F_1 von 25 m/s auf 30 m/s erhöht. Damit lauten die Kriterien (20) und (21):

$$|\tilde{v} - v^+| \leqq 30K \sqrt{\overline{\varepsilon^2}}\,, \qquad (24)$$

$$|\tilde{d} - d^+| \leqq 200K \sqrt{\overline{\varepsilon^2}}\,. \qquad (25)$$

Eine Vergrößerung der Toleranz ist über Land durch die orographisch- und reibungsbedingten größeren Abweichungen zum geostrophischen Wind erforderlich. Deshalb wird $K = 1$ über See und $K = 1{,}5$ über Land gewählt.

Mit diesem Kontrollverfahren für die Bodenwinddaten, basierend auf der direkten Berechnung der Gradienten aus einem Analysefeld erster Näherung, wurden die in Tabelle 7 angegebenen Ergebnisse erzielt (vgl. Stahnke-Jungheim, 1981a). Der Algorithmus der Windkontrolle ist der gleiche wie in Abschnitt 5.3.1.

Tabelle 7
Mittlere Verwerfungsquoten bei der Kontrolle der Bodenwinddaten (Variante C)

	über See ($K = 1$)	über Land ($K = 1{,}5$)	über Land ($K = 1$)
Windrichtung und Windgeschwindigkeit falsch	10%	10%	20%
nur Windrichtung falsch	15%	15%	15%
nur Windgeschwindigkeit falsch	10%	5%	10%
Windrichtung und Windgeschwindigkeit richtig	65%	70%	55%

Vergleicht man die Werte von Tabelle 7 mit denen der Tabelle 3, so läßt sich folgendes feststellen. Die Kontrolle der Bodenwinddaten über See wurde durch die Berechnung des Gradienten direkt aus dem Analysefeld erster Näherung erheblich verbessert. Der Prozentsatz der richtigen Winddaten wurde um 20% erhöht. Das liegt, wie schon oben erwähnt, im ausgeglichenen Verlauf des aus dem ersten Analysefeld direkt bestimmten Gradientfeldes und den geringeren ageostrophischen Abweichungen über See (kein orographischer Einfluß und verminderter Reibungseinfluß).

Diese Begründung wird indirekt durch die Ergebnisse über Land für $K = 1$ bestätigt, denn es werden über Land mit dieser Methode keine besseren Ergebnisse als bei der Bestimmung der Gradienten durch optimale Interpolation unter Verwendung der Normwerte als Grundfeld erreicht. Die Anzahl der verworfenen Winddaten über Land ist trotz der höheren Netzdichte und damit einer prinzipiellen besseren Schätzmöglichkeit um 10% größer. Das spiegelt den orographischen und Reibungseinfluß deutlich wider. Erst bei der Erhöhung der erlaubten Toleranz um 50% ($K = 1{,}5$) werden ähnliche Quoten wie über See erreicht.

Durch die von Druyan (1972) angegebenen Beziehungen (22) und (23) wurde eine Erhöhung der Quote richtiger Winddaten erreicht. Diese Verbesserung ist in Tabelle 7 bereits erhalten. Es wurde aus der geostrophisch geschätzten Windgeschwindigkeit v^+ unter Verwendung von Beziehung (22) für $\tilde{v} > 18$ m/s eine verbesserte Windgeschwindigkeit V^+ (m/s) ermittelt:

$$V^+ = 0{,}52\, v^+ + 1{,}59\,, \qquad (26)$$

die gerade die ab 15—20 m/s im allgemeinen sichtlich zu großen geostrophisch errechneten Windgeschwindigkeiten reduziert. Weiterhin wurde für gemeldete Windgeschwindigkeiten $\tilde{v} \geqq 3$ m/s die Richtungskorrektur D nach Gleichung (23) unter Verwendung von Gleichung (22) und damit eine verbesserte Windrichtung D^+ errechnet:

$$D^+ = d^+ - D\,. \qquad (27)$$

Die Verwendung dieser beiden verbesserten Schätzwerte V^+ und D^+ führte zu einer Erhöhung der Quote der richtigen Winddaten um etwa 5%.

Durch den vorgestellten Kontrollalgorithmus wurde eine für die Verwendung der Bodenwinddaten als Zusatzinformation bei der Gitterpunktsinterpolation ausreichende Qualität der horizontalen Kontrolle erreicht. 75 bis 80% der gemeldeten Windwerte im Analysegebiet werden durch die Kontrolle als richtige Daten bewertet.

Der in diesem Abschnitt für die Kontrolle der Bodenwinddaten durchgeführte Variantenvergleich unterschiedlicher geostrophischer Prüfungen wurde nicht auf die freie Atmosphäre übertraten. Die dort durch die geostrophische Prüfung, in Anbetracht der erreichten guten Qualität dieser Kontrolle, nicht gelösten Probleme lassen sich durch die anderen Varianten der geostrophischen Prüfung nicht beseitigen. Diese Probleme bzw. ein Teil davon sind nur durch qualitativ bessere Verfahren zu lösen.

5.3.3. Kontrolle der Winddaten mit Hilfe der Gradientwindbeziehung

In Anbetracht der unrealistisch größeren Zahl der mit der geostrophischen Kontrolle verworfenen Windgeschwindigkeiten im Strahlstrombereich (vor allem im 300-mbar-Niveau, aber auch fallweise im 500-mbar-Niveau) wurde versucht, die Kontrolle der Winddaten des TEMP PART A unter Verwendung der Gradientwindbeziehung zu verbessern.

Bernhardt (1971) führte theoretische Betrachtungen zur ageostrophischen Windabweichung im Strahlstrombereich durch. Er zeigte, daß im wesentlichen drei Effekte für diese verantwortlich sind, Geschwindigkeitsdivergenz und Stromlinienkrümmung, Vertikalbewegungn bei Änderung der Windgeschwindigkeit mit der Höhe und die Turbulenzreibung, und bezweifelte deshalb, ob der Gradientwind eine bessere Schätzung des wahren Windes als der geostrophische Wind darstellt. NEIBURGER und ANGELL (1956) wiesen nach, daß die isobare Trajektorienkrümmung im 300-mbar-Niveau nur etwa die Hälfte der ageostrophischen Windabweichung begründet, während ENDLICH und MC LEAN (1960) sowie ENDLICH (1961) gerade aussagten, daß der Gradientwind die im Strahlstrom beobachteten ageostrophischen Windabweichungen größtenteils erklärt (s. BERNHARDT, 1971).

Es erscheint auf Grund dieser unterschiedlichen Aussagen zweckmäßig, die Gradientwindbeziehung als Mittel für die Kontrolle der Windgeschwindigkeiten im Strahlstrombereich zu erproben, um keine Möglichkeit zu verschenken, diese Kontrolle zu verbessern, zumal AHRENS und MEYER (1979) mit der Verwendung des Gradientwindansatzes in einem Prognosemodell, basierend auf den primitiven Gleichungen, gute Ergebnisse erzielten. Die Untersuchung wurde durch einen Vergleich der mit der geostrophischen Beziehung und mit der Gradientwindbeziehung errechneten Windgeschwindigkeiten durchgeführt. Die Gradientwindkomponenten bzw. die Geschwindigkeit wurde dabei nach ENDLICH (1961) berechnet, der folgende Gleichungen angibt:

$$V_{gr} = (1 - kv^2_{gr})\, V_g \tag{28}$$

mit

$$k = (f_x^2 + f_y^2)^{-2}\, [(f_y^2 f_{xx} - 2 f_x f_y f_{xy} + f_x^2 f_{yy})^2 + l(f_x f_{yt} - f_y f_{xt})]\,. \tag{29}$$

Hierin bedeuten V_{gr} bzw. V_g die Vektoren des Gradientwindes bzw. des geostrophischen Windes, k die Krümmung der Trajektorie ($1/k$: Krümmungsradius) und l den Coriolisparameter. Die Berechnung von k erfordert erste, zweite und gemischte räumliche und räumlich-zeitliche Ableitungen des Massenfeldes, d. h., eine Berechnung der Gradientwindkomponenten setzt das Vorliegen des Massenfeldes in Gitterpunktsform voraus. Durch das iterative Analyseverfahren ist diese Voraussetzung durch die erste Näherung der Analyse gegeben. Der zweite Term in der eckigen Klammer von Gleichung (29) ist von geringerer Größenordnung als der erste Term. Unter Berücksichtigung der Glättungseigenschaften der Differenzenoperationen verändert sich das Verhältnis der Größenordnungen weiter zu Gunsten des ersten Terms, so daß besonders bei größeren Windgeschwindigkeiten der zweite Term vernachlässigt werden kann. Unter dieser Voraussetzung löste ENDLICH (1961) Gleichung (28) für die Gradientwindgeschwindigkeit V_{gr} iterativ, während AHRENS und MEYER (1979) den direkten Weg der Lösung der quadratischen Gleichung für die Gradientwindkomponenten U_{gr} und V_{gr} wählten.

Es ergibt sich U_{gr} und V_{gr} zu

$$U_{gr} = \frac{1}{2kv_g^2}\left(-1 + \sqrt{1 + 4kv_g^2}\right) U_g\,, \tag{30}$$

$$V_{gr} = \frac{1}{2kv_g^2}\left(-1 + \sqrt{1 + 4v_g^2 k}\right) V_g\,, \tag{31}$$

mit v_g der geostrophischen Geschwindigkeit und U_g, V_g den geostrophischen Windkomponenten.

Da die Gradientwindkomponenten und geostrophischen Komponenten gleiche Vorzeichen haben, wird nur die positive Wurzel in (30) und (31) verwendet. Für den Fall, daß k und der Wurzelradikant negativ sind, wird der Wurzelradikant gleich Null gesetzt. Daraus folgt, daß im antizyklonalen Fall die Gradientwindgeschwindigkeit maximal den doppelten Wert der geostrophischen Geschwindigkeit annehmen kann. AHRENS und MEYER (1979) wählten für die Nutzung im Prognosemodell aus Stabilitätsgründen folgende Bedingungen für die Gradientwindkomponenten U_{gr}, V_{gr}:

$$k > 0 \text{ (zyklonal)} \qquad 0{,}62\, U_g \leqq U_{gr} \leqq U_g\,, \tag{32}$$

$$k < 0 \text{ (antizyklonal)} \qquad U_g \leqq U_{gr} \leqq 1{,}38\, U_g\,, \tag{33}$$

(32) und (33) gelten analog für V_{gr}.

Aus den in Gitterungspunktsform vorliegenden Windkomponenten werden dann durch bilineare Interpolation die Windkomponenten für die zu kontrollierende Station und die Windgeschwindigkeit errechnet.

Mit den Bedingungen (32) und (33) wurde zuerst ein Vergleich des Gradientwindes mit dem geostrophischen Wind für die Kontrolle der Bodenwinddaten ausgeführt (s. STAHNKE-JUNGHEIM, 1981a). Dabei wurde bei einer gemeldeten Windgeschwindigkeit größer als 10 m/s in 70 bis 75 % der Fälle eine um 2 bis 5 m/s bessere Schätzung durch die Gradientwindgeschwindigkeit als durch die geostrophische Windgeschwindigkeit erzielt. Für gemeldete Windgeschwindigkeiten größer als 18 m/s ergab sich damit nach Kriterium (24) eine Senkung der Verwerfungsquote um 30 %. Da dieser Windgeschwindigkeitsbereich aber nur etwa 10 % der Beobachtungsdaten ausmacht, wird in dem operativen Analyseschema für den Bodendruck auch für diese Daten weiterhin die im vorigen Abschnitt beschriebene geostrophische Prüfung verwendet.

Die Untersuchung für die freie Atmosphäre wurde anhand von 10 Terminen mit insgesamt 1800 Stationen durchgeführt. Es wurden für die vier Niveaus die gemeldeten, die geostrophisch errechneten Geschwindigkeiten und die Gradientengeschwindigkeiten mittels Häufigkeitsverteilungen miteinander verglichen. Für die vier Niveaus wurden für vorgegebene Klassen von absoluten Differenzen zwischen den gemeldeten und den nach den beiden Verfahren errechneten Geschwindigkeiten die prozentualen Häufigkeiten ermittelt. Es zeigte sich, daß die Häufigkeiten in den Klassen für die mit der Gradientwindbeziehung geschätzten Windgeschwindigkeiten um etwa 5 % im 850-, 700 und 500-mbar-Niveau und um etwa 10 % im 300-mbar-Niveau geringer als die Häufigkeiten in den Klassen der mit der geostrophischen Beziehung geschätzten Werte sind, d. h., die Schätzung mit der Gradientwindbeziehung führt im Mittel zu einer um diese Anteile schlechteren Schätzung als mit der geostrophischen Beziehung. Bereits diese einfache Untersuchung bestätigte die von BERNHARDT (1971) theoretisch begründete Aussage, daß der Gradientwind nicht die ageostrophischen Abweichungen im Strahlstrombereich erklären kann, und widerlegt die Ergebnisse von ENDLICH und MC LEAN (1960, 1961). Die bessere Schätzung für die Bodenwindgeschwindigkeiten größer als 10 m/s ist wohl in erster Linie durch die im Vergleich zur freien Atmosphäre kreisförmigeren Trajektorien im Bodendruckfeld begründet, für die die Gradientwindbeziehung dann besser erfüllt ist.

Auf Grund der durch die Untersuchung nachgewiesenen schlechteren Schätzung der gemeldeten Windgeschwindigkeit durch den Gradientwind als durch den geostrophischen Wind wurde die im operativen Analyseprogrammpaket für die freie Atmosphäre realisierte Kontrolle der Winddaten unter Verwendung der geostrophischen Beziehung (s. Abschnitt 5.3.1.) beibehalten.

Zur Vorbereitung der Einbeziehung der Winddaten als Zusatzinformation bei der Gitterpunktsinterpolation in Form der Schätzung der dabei benötigten Gradienten aus den Winddaten mit der Gradientwindgleichung (s. Abschnitt 6.4.2.2.) wurde eine detaillierte Untersuchung der geostrophisch und durch den Gradientwind geschätzten Windgeschwindigkeiten vorgenommen. Es wurden die schon oben genannten Häufigkeiten (für vorgegebene Klassen absoluter Differenz zwischen gemeldeten und errechneten Daten) in Abhängigkeit von der gemeldeten Windgeschwindigkeit und von einem mittleren Krümmungsradius der meteorologischen Gebilde untersucht.

Als erstes war festzustellen, von welchem Wert ab ein mittlerer Krümmungsradius für die jeweilige Zirkulationsart repräsentativ und wie dieser mittlere Radius zu bilden sei. Im Ergebnis einer Reihe von Untersuchungen wurde gefunden, daß das Mittel der für 12 umliegende Gitterpunkte ermittelten Radien repräsentativ für die Krümmung der Trajektorie im Gebiet der jeweiligen Station ist, und daß Gebiete mit zyklonaler Krümmung sich durch Radien größer als 400 km, Gebiete mit antizyklonaler Krümmung sich durch Radien kleiner als 400 km und zirkulationsneutrale Gebiete sich durch Radien zwischen diesen Werten auszeichnen. Es ist erwähnenswert, daß etwa 75% der errechneten mittleren Radien dem Betrage nach im Bereich bis zu 2000 km liegen.

Zur Mittelung über 12 Gitterpunkte (das entspricht bei dem gewählten Gitterpunktsabstand von 300 km einem Quadrat um die jeweilige Station mit 670 km Kantenlänge) sei angemerkt, daß diese Zahl gleich der Anzahl der Gitterpunkte ist, die für die Schätzung des Gradienten aus einem Feld erster Näherung bei der Kontrolle der Bodenwinddaten verwendet werden.

Die Untersuchung für zyklone Zirkulationen ergab, daß bis zu einer Windgeschwindigkeit von 25 m/s die Schätzwerte nach den beiden Ansätzen sich nicht relevant unterscheiden, jedoch für Geschwindigkeiten größer als 25 m/s die Gradientwindschätzung zu um 5—10 m/s geringeren Werten als die geostrophische Schätzung führte. Bei antizyklonalen Zirkulationen wurde bis zu einer gemeldeten Windgeschwindigkeit von 25 m/s ein durch den Gradientwind um 2 bis 5 m/s größerer Schätzwert als durch den geostrophischen Wind festgestellt, während für Werte größer als 25 m/s kein relevanter Unterschied auftritt. Für zirkulationsneutrale Gebilde (kleine Radien) führte die Schätzung nach beiden Ansätzen zu keinen wesentlichen Unterschieden.

Diese Ergebnisse können für die Verbesserung der Analyse in der freien Atmosphäre durch eine bessere Erfassung der Gradienten durchaus von Bedeutung sein (s. Abschnitt 6.4.2.2.).

5.3.4. Weitere Möglichkeiten zur Verbesserung der Kontrolle der Winddaten

Im Rahmen der vorgestellten Algorithmen bestehen Möglichkeiten einer Verfeinerung der Kontrolle der Winddaten. Es kann bei der Verwendung des Verfahrens der optimalen Interpolation von einem einheitlichen Gewichtesatz abgegangen werden, und für jedes Niveau können Gewichte für die Berechnung der Gradienten bestimmt werden. Das kostet bedeutend mehr Rechenzeit, wird aber die Kontrolle nur unwesentlich verbessern.

Eine weitere Möglichkeit besteht im Wechsel der Kontrolle des Massen- und Windfeldes und der Nutzung beider Elemente (Geopotential bzw. Druck *und* Wind) bei der Kontrolle des Massenfeldes bzw. Windfeldes. Nach der Kontrolle des Geopotentials bzw. Bodendruckes wird das Windfeld am Massenfeld kontrolliert (unter Verwendung der Beobachtungsdaten oder unter Nutzung eines Analysefeldes erster Näherung). Bei der zweiten Kontrolle des Massenfeldes können dann die bereits kontrollierte Windinformation neben den Geopotential- bzw. Druckdaten nach dem auch bei der Gitterpunktsinterpolation angewandten Ansatz (s. Abschnitt 6.1.) mit verwendet werden, und letztlich ließe sich mit dem so kontrollierten Massenfeld eine weitere Kontrolle des Windfeldes vornehmen. Dabei könnte nach dem bereits mehrfach erwähnten Ansatz auch Windinformationen verwendet werden, also eine Schätzung der Windwerte aus Beobachtungen des Massenfeldes und des Windfeldes erfolgen. Diese Wechsel der Kontrollen und die gegenseitige Verwendung des jeweils anderen Elementes bei der Berechnung der Schätzgröße löst sicher nicht die für die Verwendung der Winddaten in unserem Analyse-Prognose-System noch verbliebenen Kontrollprobleme. Wie in den vorangegangenen Abschnitten dargelegt, weist die Kontrolle der Winddaten für die Verwendung dieser Information als Zusatzinformation eine gute Qualität auf. Für die Bodendruckanalyse ist keine weitere Verbesserung der Windkontrolle erforderlich. Für die Geopotentialanalyse ist neben einer wünschenswerten Reduzierung der Zahl der verworfenen Windgeschwindigkeiten im 300-mbar-Niveau, die dann i. allg. durch die errechneten Werte ersetzt werden, eine noch bessere Prüfung der Wetterschiffsdaten das einzige Problem. Horizontale Kontrollen werden hier kaum eine weitere Verbesserung bringen. Der Einsatz vertikaler Kontrollen für diese mehr oder weniger isoliert liegenden Windmeldungen ist ein wesentliches Mittel zu ihrer sicheren Kontrolle.

Es ist eine vertikale Kontrolle unter Ausnutzung der vertikalen Korrelation der Winddaten möglich.

Dazu ist die Kenntnis der vertikalen Korrelationsbeziehungen im Windfeld erforderlich. Von CHARLES (1959) werden Korrelationen des Windes in der Vertikalen angegeben, die KRIČAK (1970) zu einem Vorschlag einer vertikalen Kontrolle ausbaute. Dieses Verfahren wurde noch nicht operativ erprobt. Es könnte ein Ansatz zu einer wirksamen vertikalen Kontrolle sein.

Als eine weitere vertikale Prüfmöglichkeit ließen sich aus errechneten relativen Topographien jeweils der sogenannte „thermische" Wind bestimmen und mit diesen Windangaben die dazwischen liegenden Winddaten der Hauptisobarenflächen prüfen. Dieses scheint ein praktikables Verfahren zu sein und sollte genutzt werden. Bei allen vertikalen Verfahren der Windkontrolle sollte die Windinformation des TEMP PART B genutzt werden.

Leistungsfähige vertikale Kontrollen sind auch eine wichtige Voraussetzung für den Aufbau einer komplexen Windkontrolle nicht nur für unsere Aufgabenstellung, sondern vor allem für eine Analyse des Windfeldes. Für dieses Vorhaben müssen die vorhandenen Kontrollverfahren durch andere Verfahren ergänzt oder vielleicht sogar ersetzt werden. Es bietet sich dazu weiterhin die horizontale Prüfung der Winddaten am Windfeld über die Windkomponenten an. Die im Interpolationsansatz für die Berechnung der Gitterpunktswerte (s. Abschnitt 6.1.) verwendeten Korrelationsbeziehungen zwischen den Gradienten könnten dazu genutzt werden.

Für die Kontrolle der Bodenwinddaten wäre die von KLOSE (1976) entwickelte Beziehung zur Berechnung des geotriptischen (beschleunigungsfreien) Windes zu prüfen. Jedoch erfordert dieses Verfahren einen erheblichen Rechenzeitaufwand.

Trotz verbesserter und neuer Methoden wird bei der Kontrolle der Winddaten wie auch bei der Kontrolle des Massenfeldes ein „Rest" von Kontrollsituationen und Kontrollproblemen bleiben, die nur durch eine Mensch—Maschine—Wechselwirkung gelöst werden können. Existiert ein derartiges interaktives Kommunikationssystem, so ist es selbstverständlich auch einfach, die numerische Kontrolle der Winddaten der Wetterschiffe zu prüfen und gegebenenfalls Korrekturen vorzunehmen. Damit wäre dann auch das noch verbliebene Problem bei der Kontrolle der Winddaten des TEMP PART A gelöst.

5.4. Zusammenstellung der durch die Kontrollprozeduren erreichten durchschnittlichen Verwerfungsquoten der meteorologischen Elemente (Tabelle 8)

Tabelle 8

meteorologisches Element	Verwerfungsquote
Bodendruck	geringer 1%
dreistündige Bodendrucktendenz	1,5 bis 2%
Bodenwind über See	20 bis 25%
Bodentemperatur	5%
Bodentaupunkt	5%
Bodentaupunktsdifferenz	5%
TEMP-Geopotential	0 bis 0,5%
SATEM-Geopotential	0 bis 5%
TEMP-Wind	0,5 bis 1,5%
Temperatur in der freien Atmosphäre	2%
Taupunktsdifferenz in der freien Atmosphäre	5%

6. Gitterpunktsinterpolation

Unter der Gitterungspunktsinterpolation — der Berechnung der eigentlichen numerischen Analyse — soll die Erzeugung einer räumlich-zeitlich regulären, interpolierten (d. h. kombinierten) Aussage aus einem räumlich-zeitlich irregulär verteilten, dem Informationsgehalt nach in der Regel heterogenen Angebot von Ausgangsinformation (Meldungen) mit dem Ziel der optimalen Ausschöpfung dieser Information verstanden werden (s. KLUGE, STAHNKE-JUNGHEIM, VOLLBRECHT, 1980).

Die Berechnung des Wertes des zu analysierenden meteorologischen Elementes erfolgt dabei für die Gitterpunkte eines auf eine Projektion (geographische Karte) gelegten regulären Gitternetzes, des Analysegebietes. Aus diesem Grund ist die Bezeichnung Gitterpunktsinterpolation ein adäquater Ausdruck für die Berechnung der numerischen Analyse.

Gemäß der Zielstellung dieser Arbeit werden im folgenden die Geopotential- und Bodendruckanalyse und Analysen meteorologischer Elemente, für die sich die Analyseschemata des Geopotentials und des Bodendruckes eignen, beschrieben.

6.1. Kurzcharakteristik des eingesetzten Interpolationsansatzes

Von KLUGE (1970, 1976a, 1982) wurde der Interpolationsansatz für die Analyse des Massenfeldes entwickelt (s. auch KLUGE, STAHNKE-JUNGHEIM, VOLLBRECHT, 1977 und 1980).

Der Interpolations- bzw. Kombinationsansatz für das Geopotential kombiniert TEMP PART A Geopotential-, TEMP PART A Wind-, SATEM PART A Geopotential- und Prognoseinformation. Als Grundfeld wird das klimatologische Normalfeld verwendet. Das statistische Modell läßt sich ausgehend vom Gleichungssystem (4) wie folgt beschreiben (vgl. die genannten Arbeiten):

- Grundlage ist eine vierdimensionale räumlich-zeitliche Autokorrelationsfunktion des Geopotentials in Form eines Separationsansatzes (Trennung der räumlichen und der zeitlichen Korrelation),
- die Struktur des Wind- und Geopotentialfeldes wird über die geostrophische Beziehung verknüpft,

- die Fehler des TEMP-Geopotentials, die Fehler der Winddaten und die ageostrophischen Abweichungen werden als weißes Rauschen behandelt,
- die SATEM-Geopotentialfehler werden als horizontal variabel und korreliert angenommen; sie setzen sich aus dem Fehler der Sondierung und dem Fehler des Referenzniveaus zusammen, dieses erfährt durch das Feld der dreistündigen Bodendrucktendenz eine Asynchronitätskorrektur,
- der Prognosefehler des Geopotentials wird als mit den wahren Werten und untereinander korreliert angenommen, er wird als eine Funktion des Analysefehlers modelliert,
- der bei der nachträglichen vertikalen, statistisch optimalen Anpassung (s. KLUGE, 1982) der Geopotential- und Bodendruckanalyse eingehende Fehler der horizontalen zweidimensionalen Analysen wird ebenfalls als mit den wahren Werten und untereinander korreliert angenommen.

Alle vier Informationsarten liegen in der Regel auf den zu verwendenden Isobarenflächen vor (bei fehlenden bzw. verworfenen Werten ist eine Ergänzung bereits bei der Kontrolle durchführbar und wurde auch realisiert). Deshalb und aus folgenden weiteren Gründen ist die Analyse als räumlich zweidimensionale Analyse durchführbar:

- die statistische Struktur der wahren Werte und der Fehler sind relativ einheitlich,
- die vertikale Abhängigkeit der normierten Fehler ist vernachlässigbar klein,
- die günstige Sondierungszeit der in unserem Zentrum eingehenden SATEM-Daten (im allgemeinen vier Stunden vor bis eine Stunde nach Termin) erlaubt auf quasi kontinuierliches Einführen dieser Information zu verzichten, es genügt, die Asynchronität im statistischen Ansatz zu berücksichtigen (neben der Asynchronitätskorrektur des Referenzniveaus).

Aus dem Dargelegten ergibt sich, daß ein gleiches Gewichteensemble für alle Niveaus der freien Atmosphäre verwendet werden kann. Damit ist die Geopotentialanalyse de facto auf eine Einflächenanalyse reduziert, die Berechnung der Gewichte und auch die Suche der umliegenden Information erfolgt nur einmal. Der Ansatz zeigt sich somit als ein guter Kompromiß zwischen der Verwertung der angebotenen Information und der dafür benötigten Rechenzeit. Nur dadurch sind die auf Grund der technischen Voraussetzungen in unserem Zentrum technologisch bedingten Vorgaben einhaltbar.

Der Interpolationsansatz für die Bodendruckanalyse enthält nur die Bodendruck- und Bodenwinddaten.

Die Analyse der Atmosphäre in unserem Zentrum besteht damit praktisch aus zwei separaten, nach ihrer Erzeugung vertikal anzupassenden Analysen, der Bodendruckanalyse, die in die Analyse der 1000-mbar-Fläche mittels der Bodentemperaturanalyse umgerechnet wird, und der Geopotentialanalyse der freien Atmosphäre, die für die Niveauflächen 850, 700, 500 und 300 mbar realisiert wird.

Die Korrelationsmatrix (genauer Kreuzkovarianzmatrix) K_{nn} aus Gleichung (5) ist für den dargestellten Interpolations- bzw. Kombinationsansatz der Geopotentialanalyse und entsprechend reduziert für die Bodendruckanalyse in Tabelle 9 angegeben (s. KLUGE, STAHNKE-JUNGHEIM, VOLLBRECHT, 1980). Die Werte sind mit der Dispersion des Geopotentials normiert, die für das Einzugsgebiet eines Gitterpunktes als konstant angenommen wird. In Tabelle 9 bezeichnen die Indizes i, j die Koordinaten und Fehler der umliegenden Beobachtungen und x_0, y_0 die Koordinaten des Prognosewertes im Gitterpunkt.

6.2. Realisierung des Interpolationsansatzes und Ergebnisse des operativen Einsatzes

6.2.1. Geopotentialanalyse

Die Kovarianzmatrix des in unserem Zentrum operativ eingesetzten Modells der Geopotentialanalyse wurde in Tabelle 9 angegeben. Zur näheren Kennzeichnung des Modells sind noch weitere Angaben notwendig. Als Grundfeld wird bei der Interpolation der klimatologische Normalwert des Gitterpunktes verwendet. Ein Vorschlag von GANDIN (1963) zur Interpolation der in einem bestimmten Gitter vorliegenden Normwerte auf die Positionen der Analysegitterpunkte (die variabel sind, aber für ein operatives System natürlich festliegen) bzw. auf die Position der zu kontrollierenden Stationen mit einer empirischen Korrelationsfunktion erwies sich als ungünstig. Der Verlauf der so ermittelten Normalwerte zeigte bei Annäherung an einen der umgebenden Gitterpunkte des Normalfeldes Sprünge.

Bewährt hat sich die von PANOFSKY (1949) vorgeschlagene bilineare Interpolation.

Die (12stündigen) Prognosewerte werden bewußt nicht als Grundfeldwerte verwendet, da die Qualität der Prognose in diesem Fall nicht berücksichtigt werden kann und es bei größeren Prognosefehlern zu negativen Auswirkungen auf das Analyseergebnis kommt. Die Prognoseinformation geht bei frühem Daten-cut-off als Zusatzinformation im Gitterpunkt entsprechend dem Interpolationsansatz ein. Der Prognosefehler ε_p^2 wird explizit berücksichtigt (s. Tabelle 9). Er berechnet sich aus dem Fehler der Analyse ε_A^2 (s. KLUGE, STAHNKE-JUNGHEIM, VOLLBRECHT, 1980):

$$\varepsilon_p^2 = \varepsilon_A^2 + \frac{t}{t_1}(1 - \varepsilon_A^2), \qquad (32)$$

mit t — der Prognosezeit und t_1 — der Zeit, nach der der Ausgangsfehler den Maximalwert erreicht. Bei unserem System ist $t = 12$ und $t_1 = 96$.

Die relativen Geopotentialwerte des SATEM PART A werden mit der Referenzfläche 1000 mbar in absolute Topographien umgerechnet. Für die asynoptischen SATEM-Daten erfolgt unter Verwendung der dreistündigen Drucktendenzanalyse des Termins eine Asynchronitätskorrektur. Korrigiert werden SATEM-Daten mit einer sechs bis zu einer Stunde vor dem Termin gelegenen Sondierungszeit und mit einem Drucktendenzwert auf der Sondierungsposition größer gleich

Tabelle 9. Kreuzkovarianzmatrix des Analysemodells

i	j: TEMP-Geopotential 1	SATEM-Geopotential 2	Geopotential PROGNOSE 3	x-Ableitung (v-Windkomponente) 4	y-Ableitung (u-Windkomponente) 5
1	$(1 + r)\,e^{-r} + \delta_{ij}\,0{,}02$				
2	$(1 + r^+)\,e^{-r^+}$	$(1 + r^+)\,e^{-r^+} + [(\varepsilon_{S_i}^2 + \varepsilon_{B_i}^2/4) \times (\varepsilon_{S_j}^2 + \varepsilon_{B_j}^2/4)]^{1/2}\,e^{-2,3r^+}$			
3	$(1 + r)\,e^{-r}\,(1 - \varepsilon_P^2)$	$(1 + r^+)\,e^{-r^+}\,(1 - \varepsilon_P^2)$	$1 - \varepsilon_P^2$		
4	$\dfrac{(x_j - x_i)\,e^{-r}}{L^2}$	$\dfrac{(x_j - x_i)\,e^{-r^+}}{L^2}$	$\dfrac{(x_0 - x_i)\,e^{-r}\,(1 - \varepsilon_P^2)}{L^2}$	$\dfrac{1}{L^2}\left(1 - \dfrac{(x_j - x_i)^2}{rL}\right)e^{-r} + \delta_{ij}\,0{,}03$	
5	$\dfrac{(y_j - y_i)\,e^{-r}}{L^2}$	$\dfrac{(y_j - y_i)\,e^{-r^+}}{L^2}$	$\dfrac{(y_0 - y_i)\,e^{-r}\,(1 - \varepsilon_P^2)}{L^2}$	$\dfrac{(x_j - x_i)\,(y_j - y_i)\,e^{-r}}{rL^3}$	$\dfrac{1}{L^2}\left(1 - \dfrac{(y_j - y_i)^2}{rL}\right)e^{-r} + \delta_{ij}\,0{,}03$

$r = r_{ij}/L$, r_{ij} in 1000 km, $\quad L = 1$ km, $\quad r^+ = \sqrt{r_{ij}^2/L^2 + \dfrac{t_0^2}{T_0^2}}$, $\quad T_0 = 30$ h,

t_0 = Terminabweichung der Satellitenbeobachtung (h), δ_{ij} — Kroneckersymbol,

ε_S^2, ε_B^2, ε_P^2 — SATEM-, Bodenanalyse-, Prognosefehler

3 mbar. Aus dem dreistündigen Drucktendenzwert wird der entsprechende Geopotentialwert und unter Annahme eines linearen Verlaufes in den drei Stunden die Geopotentialänderung für eine und zwei Stunden ermittelt. Für vier Stunden vor dem Termin gelegene Sondierungen wird extrapoliert. Diesen Wert erhalten auch fünf und sechs Stunden vor dem Termin ausgeführte Sondierungen. Mit der so bestimmten Geopotentialänderung wird die berechnete absolute Topographie der SATEM-Werte korrigiert.

Diese Maßnahme erfolgt bereits bei der Sortierung der Beobachtungsdaten, d. h., die korrigierten SATEM-Werte werden schon bei der Kontrolle verwendet und natürlich selber kontrolliert.

Es wurde ein horizontal variabler SATEM-Eigenfehler ε_S^2 realisiert, der entsprechend den zehn Stufen des im SATEM-Code enthaltenen Güteindizes in Übereinstimmung mit dem gegenwärtigen Fehlerniveau der SATEM-Daten zwischen 0,05 und 0,14 linear variiert (s. KLUGE, PETZOLD, 1978a). Weiterhin wird die Variabilität des Reverenzniveaufehlers berücksichtigt, in dem ein Viertel des Fehlers der Bodenanalyse ε_B^2 zum SATEM-Eigenfehler addiert wird (s. Tabelle 9; das Verhältnis der Dispersionen der absoluten Topographie am Boden (1000 mbar) und in der freien Atmosphäre ist etwa ein Viertel).

Als relativer Beobachtungsfehler für die TEMP-Geopotentialdaten wird der international übliche Wert 0,02 genommen. Der relative Fehler der TEMP-Winddaten wurde von 0,05 ausgehend verändert. Der Wert 0,03 erwies sich in unserem System als optimal.

Die Art und Anzahl der Daten bei der Interpolation wird in Abhängigkeit vom Informationsgehalt, der Netzdichte und der Technologie gewählt. Es gilt, den Interpolationsfehler minimal zu gestalten, die Rechenzeit gering zu halten, eine starke Glättung des Feldes zu vermeiden und „ill-conditioned"-Zustände des Gleichungssystems zur Bestimmung der Gewichte zu verhindern. Während die Erfüllung der ersten Forderung zu einer größeren Zahl der Ausgangsdaten führt, verlangt die Realisierung der danach genannten Bedingungen eine Minimierung des Systems.

Aus einer Vielzahl von numerischen Experimenten erst nur mit TEMP-Geopotentialdaten, dann zusätzlich mit Prognoseinformation, später zuzüglich Winddaten und als letztes mit SATEM-Geopotentialdaten wurde folgende Bestimmung der Art und Anzahl der Ausgangsdaten bei der Gitterpunktsinterpolation gefunden. Die numerische Geopotentialanalyse erfolgt für die Flächen 850, 700, 500 und 300 mbar in einem Haupt- und Finalrun. Unter dem Hauptrun wird der Technologieabschnitt (engl. run) verstanden, der die wichtigste Information im Rahmen der real-time-Technologie (rt-Technologie) für den Meteorologen vom Dienst erzeugt. Zur Berechnung einer Feldprognose im Hauptrun, der sogenannten „Schnellen Karte" (einer ersten Prognose) und daran anknüpfender Prognoseinformation (z. B. Elementevorhersagen für vorgegebene Orte) wird mit den Beobachtungen, die bis zwei Stunden und 20 Minuten nach Termin im Zentrum eingegangen sind, eine Analyse erzeugt. Im Hauptrun werden im Gebiet mit hoher Netzdichte TEMP-Geopotentialwerte zur Interpolation verwendet. Anderenfalls werden sieben Geopotentialwerte, die sich aus TEMP- und SATEM-Daten zusammensetzen, der Prognosewert im Gitterpunkt und die Windinformation der TEMP-Meldungen zur Berechnung der Gitterpunktswerte benutzt. Die Verwendung der Winddaten wurde in folgender Form optimiert. Es wird nur *die* Windkomponente jeder Meldung verwendet, die eine bestimmte Korrelation zum Gitterpunkt übersteigt. Durch numerische Experimente wurde festgestellt, daß nur bei Werten über 30% der maximal möglichen Korrelationen ein Einfluß auf das Interpolationsergebnis existiert. Das entspricht einem Abstand der Beobachtung vom Gitterpunkt von 100 bis 2200 km.

Die Verwendung des 12stündigen Prognosewertes als zusätzliche Information ist im Hauptrun von großer Bedeutung, da durch den frühen Rechenbeginn bestimmte Beobachtungen noch nicht bzw. nicht immer vorliegen.

Der Finalrun wird 4,5 Stunden nach dem Termin gestartet. Er beendet die rt-Routine. Der Finalanalyse steht alle für eine gute Analyse benötigte Information zur Verfügung. Auch hier wird im Gebiet mit hoher Netzdichte mit fünf TEMP-Geopotentialwerten interpoliert. Wie auch im Hauptrun bringt die Verwendung der Winddaten bei dieser Netzdichte keine Verbesserung der Analysequalität. Liegt hohe Netzdichte nicht vor, so werden im Finalrun acht TEMP- bzw. SATEM-Geopotentialwerte einschließlich der TEMP-Winddaten in der oben beschriebenen Art verwendet. Prognoseinformation wird nicht berücksichtigt, Bei der Berechnung eines Gitterpunktwertes in Gebieten mit normaler und geringer Netzdichte im Hauptrun sowie im Finalrun werden mindestens drei TEMP-Geopotentialwerte quasi als Stützstellen für die Zusatzinformation verlangt.

Liegt eine TEMP-Geopotentialmeldung näher als $75\sqrt{2}$, km zum Gitterpunkt (im nullten Suchquarat), so wird der Beobachtungswert dem Gitterpunkt zugewiesen. Dieses Vorgehen ist gerechtfertigt, da das Gewicht dieser Information nahe 1 ist. Dadurch werden Extrema besser erfaßt, und es wird Rechenzeit eingespart.

Durch das Prognosemodell im Finalrun werden 12-stündige Prognosewerte des Geopotentials erzeugt, die dann bei der Berechnung der nächsten Hauptrunanalyse 12 Stunden später als Zusatzinformation verwendet werden. Seit Mitte 1983 werden diese Werte aus GRID-Bulletins gewonnen. Damit ist der technologische Analyse-Prognose-Kreislauf geschlossen.

Die Hauptrun- und Finalrunanalyse können als Grobgitter oder als Grob- und Feingitteranalyse berechnet werden. Die Grobgitteranalyse enthält 23 Gitterpunkte in Ordinatenrichtung und 27 Gitterpunkte in Abszissenrichtung mit einem Gitterpunktsabstand von 300 km (Nordpolkoordinaten: Abszisse 4800 km, Ordinate 150 km). Die Ordinate ist nach Süden gerichtet und liegt parallel zum 10° Ostmeridian. Die Feingitteranalyse steht aus 23×27 Gitterpunkten mit 150 km Gitterpunktsabstand (Nordpolkoordinaten: Abszisse 2100 km, Ordinate —2250 km).

Im Analysenschema wird der Projektionsfaktor für die Abbildung der Abstände in der Natur auf die Projektion einmal bei der Ermittlung der Entfernung und der x- bzw. y-Abstände unter den beteiligten Stationen bzw. zum Gitterpunkt für die Berechnung der Korrelationen im Gleichungssystem (4) bzw. Tabelle 9 berücksichtigt, und zum anderen bei der Schätzung der Gradienten des Geopotentials aus den Windkomponenten mittels der geostrophischen Beziehung, genauer bei der Errechnung der Abweichungen der aus den Windkomponenten geschätzten Gradienten von den Gradienten des klimatologischen Normalfeldes als eine Voraussetzung für die Berücksichtigung der Winddaten bei der Interpolation.

Im Analysemodell ist auch eine Reaktion auf die sogenannten „ill-conditioned"-Zustände enthalten. Bei den für bestimmte Realisierungen schlecht konditionierten bzw. schlecht bestimmten Gleichungssystemen

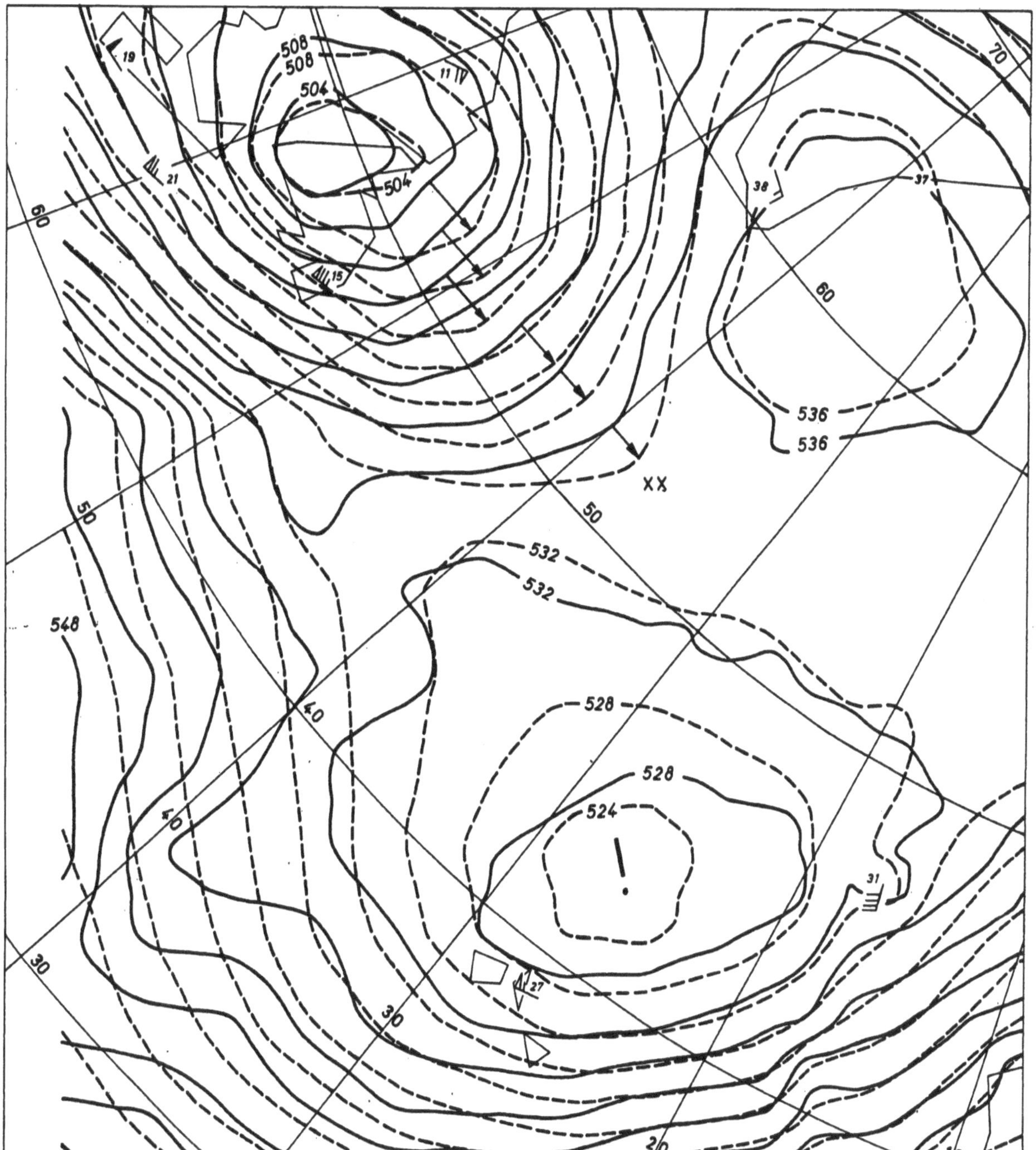

Abb. 6. Geopotentialanalyse 500 mbar., 22. 2. 1978, 0^{00} GMT
——— nur Verwendung von TEMP-Geopotentialdaten
– – – Verwendung von TEMP-Geopotentialdaten und -Winddaten

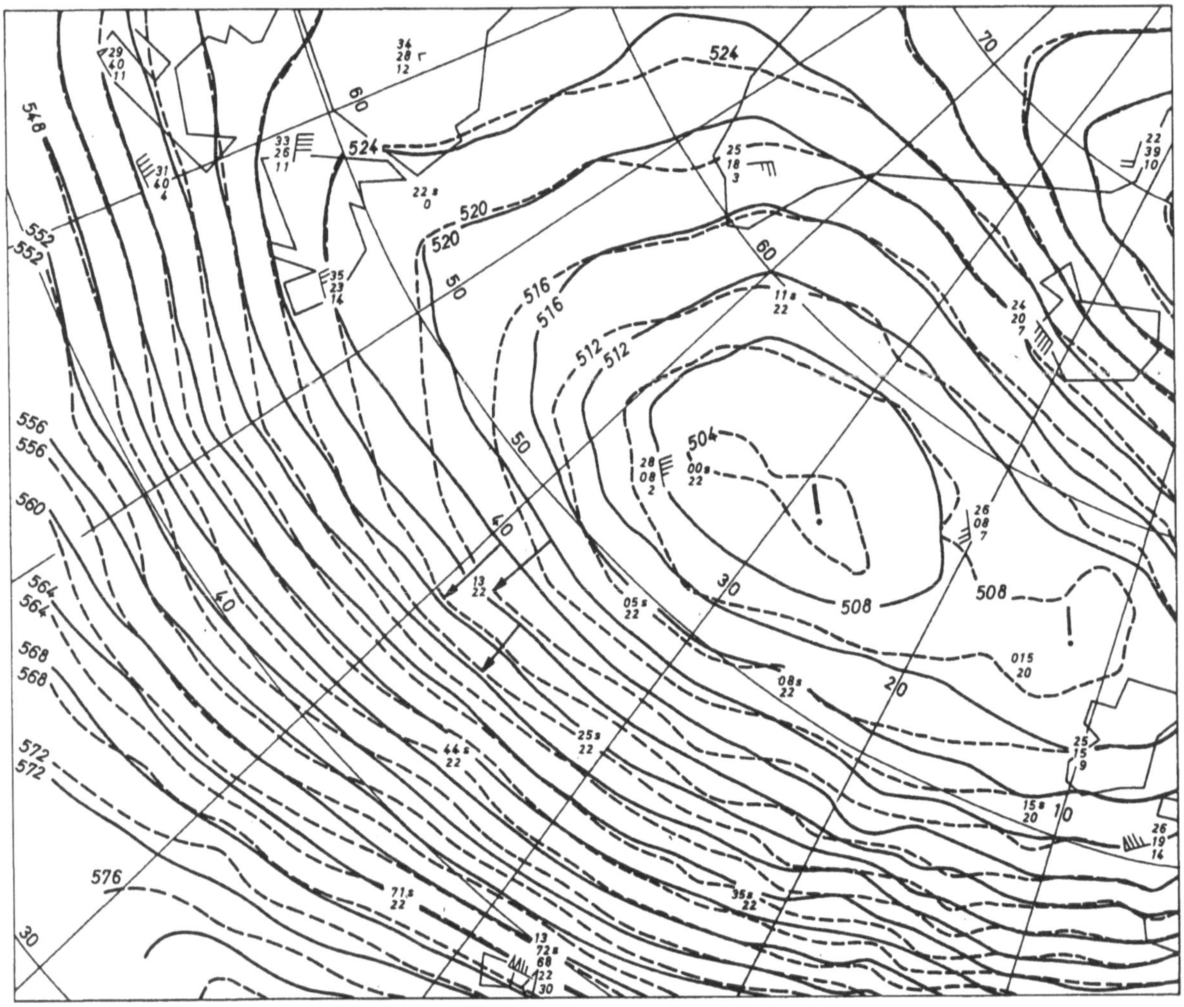

Abb. 7. Geopotentialanalyse 500 mbar, 13. 12. 1978, 0^{00} GMT
——— nur Verwendung von TEMP-Geopotentialdaten
— — — Verwendung von TEMP- und SATEM-Geopotentialdaten

zur Berechnung der Gewichte einzelner Gitterpunkte werden Gewichtswerte errechnet, die negativ und dem Betrage nach größer als 1 sind. Diese nach der Theorie nicht zulässigen Werte führen teilweise zu falschen Interpolationsergebnissen (der Analysewert braucht nicht immer unsinnig zu sein) und in jedem Fall zu einem unsinnigen Interpolationsfehler. „Ill-conditioned"-Zustände des Gleichungssystems werden durch große Vielfalt der Ausgangsinformation und die damit meist verbundene Redundanz unter dieser Information hervorgerufen. Dadurch werden gewisse Spalten oder Zeilen der Ausgangsmatrix $K_{n,n}$ (Tabelle 9) „fast" linear abhängig, wodurch zwar noch eine Lösung des Gleichungssystems möglich ist, aber die errechneten Gewichte mehr und mehr unsinnig werden. Bei unserem TEMP- und SATEM-Geopotential-, Wind- und Prognosedaten verwendenden System werden diese „kranken" Zustände des Gleichungssystems durch die Satellitendaten hervorgerufen, da diese manchmal fast linear abhängig sind. Deshalb ist die Reaktion darauf wie folgt. Treten Gewichte kleiner als —1 auf, so wird die Kovarianzmatrix noch einmal mit der Maßgabe erstellt, die SATEM-Daten wie TEMP-Daten einer Beobachtungszeit zu behandeln, die mit der Sondierungszeit übereinstimmt, d. h., die Abhängigkeit der SATEM-Fehler bei Beibehaltung ihrer Werte untereinander zu eliminieren.

Das beschriebene Analysemodell wurde hinsichtlich der Verwertung der einzelnen Informationsarten, von 1978 beginnend, in mehreren Etappen realisiert und ist von diesem Termin an im operativen Einsatz. Seit Anfang 1979 wird der komplette Interpolationsansatz, also die Verwendung aller genannten Informationsarten, operativ genutzt. Es wird im Hauptrun eine Grobgitteranalyse und im Finalrun eine Grob- und Feingitteranalyse gerechnet.

Der operative Einsatz des Analysemodells läßt sich folgendermaßen bewerten. Die Verwendung der Prognoseinformation im Hauptrun ermöglicht überhaupt erst die Realisierung des Prinzips der „Schnellen Karte", da sich die Ausgangsinformation für die Hauptrun- und Finalanalyse im allgemeinen deutlich unterscheidet. Ohne Verwendung der Prognose wäre der Unterschied viel größer und die Konzeption der „Schnellen Karte" nicht realisierbar. Die Hinzunahme der Windinformation hat insbesondere die Analyse der Kerne der meteorologischen Gebilde über dem Atlantik verbessert. In Abhängigkeit von der Situation betragen diese

Änderungen auf dem 500-mbar-Niveau 3—6 gpdam (s. Abb. 6) und auf dem 300-mbar-Niveau 6—10 gpdam. Die SATEM-Information bringt über dem Atlantik in Abhängigkeit von der Situation, der Anzahl und Lage der SATEM-Daten dem lokalen Beitrag der anderen Informationen in vielen Fällen mehr richtige Struktur (s. Abb. 7) im meteorologischen Gebilde und fallweise beträchtliche Veränderungen des Analysefeldes. Bei unserem Analysesystem ist der SATEM-Informationswert über dem Atlantik a priori hoch (s. KLUGE, PETZOLD, 1978b).

Der Vergleich der numerischen Analyse mit der subjektiven synoptischen Analyse zeigt Unterschiede, die in zwei verschiedenen Ursachen begründet sind. Erstens besitzt die numerische Analyse einen höheren Glättungsgrad. Der Beitrag der Einzelmeldung ist weniger markant. Die Bündelung der Isophysen im Strahlstrombereich ist schwächer. Kerne, insbesondere kleinräumige und wenig belegte, sind weniger ausgeprägt. Eine Interpolation im Sinne der kleinsten Quadrate minimiert den mittleren quadratischen Fehler, läßt aber einzelne große Fehler zu. Zweitens entstehen Unterschiede zwischen der numerischen und der subjektiven Analyse durch unterschiedliches Ausgangsmaterial, hervorgerufen neben unterschiedlichen Verarbeitungszeitpunkten durch fehlerhafte Kontrollentscheidungen, durch Mängel bzw. Grenzen der primären Datenverarbeitung, aber auch durch technische Defekte im rt-Prozeß.

Die Verifikation der Feldvorhersage des Geopotentials mit dem von DAMRATH, ENKE, MEYER (1979) beschriebenen Modell ergab eine Steigerung der Güte, die mit dem Ausbau des Analysemodells, insbesondere der Zuschaltung der Zusatzinformation, einhergeht. Dabei bringt die Finalanalyse im Mittel, wie zu erwarten, eine bessere Prognose.

Die Rechenzeit für die Durchführung der Gitterpunktsinterpolation für das Grobgitter beträgt fünf bis sieben Minuten, für das Feingitter werden drei Minuten mehr benötigt. Die oben beschriebene Windoptimierung sparte zwei Minuten Rechenzeit. Die gesamte Rechenzeit für das Geopotentialanalysemodell beträgt auf der EDVA BESM-6 für das Grobgitter 8 bis 10 Minuten und für das Feingitter, wie erwähnt, drei Minuten mehr.

Möglichkeiten und Realisierungen zur Verbesserung dieses Analysemodells sind in Abschnitt 6.4. dargelegt.

6.2.2. Bodendruckanalyse

Für die Bodendruckanalyse wurde der Interpolationsansatz unter Verwendung von Druck- und Winddaten realisiert und von 1976 bis 1978 in unserem Zentrum operativ eingesetzt (s. KLUGE, STAHNKE-JUNGHEIM, VOLLBRECHT, 1977). Dieses Analyseschema wurde inzwischen durch das in Abschnitt 6.4. beschriebene Iterationsverfahren abgelöst. Trotzdem sind die damals erreichten Ergebnisse von Interesse, auch aus der Sicht der Nutzung der Winddaten in weiterentwickelten Analyseverfahren. Das damals eingesetzte Analysemodell verwendet alle im Gebiet liegenden Meldungen und führt nach der Sortierung eine Kontrolle der Information, der Druckdaten gemäß dem in Abschnitt 5.1.1. und der Winddaten nach dem im Abschnitt 5.3.1. dargestellten Algorithmus durch, und danach die Gitterpunktsinterpolation (Parameter der Korrelationsfunktion $L = 0{,}8$) unter Verwendung von vier Druckwerten (relativer Fehler der Druckwerte 0,02) über Land und erst fünf, später vier Druckwerten mit den dazu gehörigen Windwerten (relativer Fehler 0,05) über See aus. Die Gebiete, in denen der Wind einbezogen wird, sind in der oben genannten Arbeit dargestellt. Er wird auf die Seegebiete des Atlantiks und des Mittelmeeres beschränkt, die für eine Kurzfristprognose für Mitteleuropa von Bedeutung sind. Die Gitterpunkte, bei denen der Wind bei der Berechnung der Analyse berücksichtigt werden soll, sind im Programmpaket entsprechend gekennzeichnet. Um auch die Windbeobachtungen der Küstenstationen bei der Interpolation über See zu berücksichtigen, wird die Windkontrolle für alle Meldungen ausgeführt.

Es wurde eine Analyse von 45 × 53 Gitterpunkten mit 150 km Gitterpunktsabstand realisiert. Bei einem Gitterpunktsabstand von 150 km werden etwa 95% der Meldungen bei der Interpolation verwendet, während es bei 300 km Gitterpunktsabstand nur 70% sind. Deshalb und wegen der durch die geringere Gitterweite verminderten Glättung des Analysefeldes wurde ein 150-km-Gitter errechnet.

Als Ergebnis des operativen Einsatzes dieses Analyseschemas und im besonderen eines Feldvergleiches von 16 numerischen Analysen mit sorgfältigen subjektiven Analysen läßt sich nennen:

- die Einbeziehung des Windes führt zu einer synoptisch richtigen Vertiefung der Kerndrucke der Zyklonen um 3 bis 7 mbar, bei Hochdruckgebieten zu einer Erhöhung bis zu 3 mbar,
- durch die Einbeziehung des Windes wird eine Verringerung der Varianz (Wurzel aus der mittleren quadratischen Abweichung, root-mean-square error — r m s e) zwischen der numerischen und der subjektiven Analyse über See um 8 bis 10% und in Zentren von Tiefdruckgebieten über See um 12 bis 14% erreicht,
- über Land erzeugt die Verwendung des Windes ein Lärmniveau, das zu einer Vergrößerung des r m s e von 4 bis 5% führt.

Die Rechenzeit für die Realisierung des beschriebenen Analysemodells beträgt auf der BESM-6 bei der jetzigen technischen Ausstattung (Wechselplattenspeicher) fünf bis sechs Minuten (ohne Nutzung von Winddaten drei bis vier Minuten), damals wurden 9 bis 10 Minuten (Magnetspeicher) benötigt.

6.3. Analysen weiterer meteorologischer Elemente unter Nutzung der vorhandenen Programmpakete

Die vorhandenen Analyseprogrammpakete für den Bodendruck und die freie Atmosphäre wurden für die Berechnung weiterer meteorologischer Elemente modifiziert. So wurde unter Nutzung des Programmpaketes der Bodendruckanalyse eine dreistündige Drucktendenzanalyse, eine Bodentemperaturanalyse, eine Taupunktsanalyse oder wahlweise eine Taupunktsdifferenzanalyse am Boden realisiert. Für die freie Atmosphäre wurde unter Nutzung des Programmpaketes Geopotentialanalyse eine Temperatur und Taupunktsdifferenzanalyse realisiert. Von diesen Analysen werden gegenwärtig die dreistündige Drucktendenzanalyse und die Bodentemperaturanalyse operativ genutzt. Die Drucktendenzanalyse wird dem Meteorologen vom Dienst zur Verfügung gestellt und vom Prognosemodell verwendet (ENKE, MEYER, 1981). Die Bodentemperaturanalyse dient der Umrechnung der Bodendruckanalyse in die 1000-mbar-Analyse und zur Schätzung des fühlbaren Wärmestromes über dem Atlantik für das Prognosemodell (ENKE, MEYER, 1981). Die Taupunktsdifferenzanalyse in der freien Atmosphäre dient der Vorbereitung einer Feuchteanalyse.

Die numerische Analyse der dreistündigen Drucktendenz enthält einige Besonderheiten, die noch mitgeteilt werden sollen (vgl. STAHNKE-JUNGHEIM, VOLLBRECHT, 1978). Es wird eine Korrektur der gemeldeten Drucktendenz für fahrende Schiffe durchgeführt. Die Korrektur ist bei den heutigen Schiffsgeschwindigkeiten unbedingt erforderlich. Beispielsweise wird ein in ein stationäres Tief hineinfahrendes Schiff einen Druckfall melden. Die Korrektur der Tendenz erfolgt im Analyseschema als erstes, also noch vor der Sortierung der Beobachtungen. Die Korrektur wird durchgeführt, wenn die Windgeschwindigkeit größer als 3 m/s, die Schiffsgeschwindigkeit größer als 8 Seemeilen/Stunde und die Abweichung des Kurses vom Gradientwind größer als 25° sind. Die Korrektur basiert auf der Nutzung der Gradientwindgleichung mit folgenden, für unsere Zwecke jedoch ausreichenden Beschränkungen:

- der durch die Zentrifugalkraft bedingte Term in der Gradientwindgleichung wird vernachlässigt,
- die Gradientgeschwindigkeit wird proportional (Faktor 1,5) der Windgeschwindigkeit und die Gradientwindabweichung konstant 15° gewählt.

Pro Termin werden etwa 25 bis 35% der gemeldeten dreistündigen Drucktendenzen (mbar/3 h) korrigiert. Die Korrektur beträgt in Abhängigkeit vom Kurs und der meteorologischen Situation bis zu 4 mbar.

Nach Berechnung der Gitterpunktswerte für ein 150-km-Gitter (wegen des geringen Korrelationsradius im Drucktendenzfeld ist dieser Gitterpunktsabstand unbedingt erforderlich) wird das Ergebnisfeld durch eine inverse Filterung verbessert: Diese inverse Filterung nach STRIŽEVSKIJ (1965, siehe auch BELOUSOV, STRIŽEVSKIJ, 1969) zielt auf die Beseitigung der trotz des 150-km-Gitters noch vorhandenen starken Glättung des Feldes und auf eine Minderung des Effektes, der durch das nur näherungsweise Erfassen der statistischen Struktur des Drucktendenzfeldes durch die Korrelationsfunktion (9) entstanden ist. Die inverse Filterung wird durch

$$W_0 = 1{,}08\, w_0 + 0{,}08 \sum_{i=1}^{4} w_i - 0{,}1 \sum_{i=5}^{8} w_i \qquad (33)$$

realisiert. W_0 ist der verbesserte Gitterpunktswert, w_0 der ursprüngliche Wert, w_1 bis w_4 sind die im Gitterpunktsabstand und w_5 bis w_8 die im Gitterpunktsabstand mal $\sqrt{2}$ von w_0 liegenden ursprünglichen Werte. Diese inverse Filterung für das Feld der dreistündigen Drucktendenz hat sich bewährt, sie wird auch beim Feld der 24stündigen Druckabweichung (Differenz der Bodendruckanalysen) angewandt.

Die Rechenzeit für die Erzeugung der in diesem Abschnitt genannten numerischen Analysen beträgt jeweils 3 bis $3^1/_2$ Minuten.

6.4. Verbesserung der Bodendruck- und Geopotentialanalyse im Rahmen des eingesetzten Interpolationsansatzes und der vorhandenen Programmpakete

Trotz der durch die Einbeziehung des Windes erreichten Verbesserung der numerischen Analyse wurde eine weitere Qualitätserhöhung der Analyse notwendig. Die Forderungen danach bezogen sich auf

- die bessere Erfassung der Kerne der meteorologischen Gebilde (besonders der ausgeprägten Zyklonen),
- die bessere Erfassung der meteorologischen Gebilde in Gebieten mit geringer Informationsdichte,
- die bessere Erfassung kleinräumiger meteorologischer Gebilde, besonders Zyklonen,
- die bessere Erfassung der Gradienten in Zyklonen, insbesondere die stärkere Bündelung der Isohypsen im Strahlstrombereich.

Dazu bestehen prinzipiell zwei Möglichkeiten, die Verwendung von weiterer Zusatzinformation und eine bessere algorithmische Ausnutzung der verwendeten Information. Die Verwendung weiterer zusätzlicher Information in unserem Analysemodell ist begrenzt, da es für die Geopotentialanalyse das Vorliegen dieser Information auf allen Niveauflächen erfordert. So bietet sich eigentlich nur die Nutzung fiktiver Daten an (bogus data; siehe dazu auch Abschnitt 6.5.).

Eine bessere Ausnutzung der verwendeten Information läßt sich in erster Linie durch ein iteratives Wiederholen der Interpolation bei gleichbleibender oder reduzierter Information erreichen, meist als Korrekturmethode bezeichnet. Es wurde ausgehend von ČETVERIKOV (1962) und ŠKODA (1975), die die Verwendung der jeweils berechneten Analyse als Grundfeld bei der Berechnung einer nächsten Analyse vorschlugen, ein iteratives Verfahren für die Bodendruck- und Geopotentialanalyse realisiert, das eine Weiterentwicklung des ursprünglichen Verfahrens darstellt (s. STAHNKE-JUNGHEIM, 1979) und als Methode der Iteration des Grundfeldes bezeichnet werden soll.

Die inverse Filterung nach STRIŽEVSKIJ führte bei der Bodendruckanalyse nicht zu der Verbesserung wie bei der dreistündigen Drucktendenzanalyse. Wie Untersuchungen ergaben, traten zwar fallweise Verbesserungen auf, jedoch tritt im Mittel eine Verschlechterung der Analysequalität ein.

6.4.1. Methode der Iteration des Grundfeldes unter ausschließlicher Verwendung von Daten des Massenfeldes

Die Methode der Iteration des Grundfeldes, d. h. die Verwendung erster Näherungen der Analyse als Grundfeld bei der Berechnung nachfolgender Analysen, basiert auf dem Verfahren der optimalen Interpolation, das auf jedem Iterationsschritt neu angewendet wird. Die Güte der Schätzgröße f^+ für die wahre Abweichung des meteorologischen Elementes vom Grundfeldwert im Gitterpunkt ist abhängig von dem Informationsgehalt der umliegenden Beobachtungen, dieser wird neben dem Beobachtungsfehler durch die Dichte der Information im betrachteten Gebiet bestimmt. In einem Gebiet mit hoher Netzdichte haben die Abweichungen der Beobachtungen $\tilde{f}_i$ der umliegenden Stationen bezüglich des Gitterpunktes bzw. der zu kontrollierenden Station einen hohen Informationsgehalt. Der Grundfeldwert $\bar{f}$ spielt eine untergeordnete Rolle. Aus etwa gleich großen Abweichungen der umliegenden Beobachtungen von ihrem Grundfeldwert wird eine etwa gleich große Abweichung geschätzt. In einem Gebiet mit geringer Netzdichte besitzen die umliegenden Stationen einen wesentlich kleineren Informationsgehalt. Aus zum Teil erheblich unterschiedlichen Abweichungen der umliegenden Beobachtungen von ihrem Grundfeldwert wird wegen der relativ großen Entfernungen ein betragsmäßig kleiner Wert errechnet. Die errechnete Abweichung ist nur wenig repräsentativ. Der Grundfeldwert erhält eine entscheidende Bedeutung. Wie kann man also in einem derartigen Fall den Informationsgehalt erhöhen und damit die Analyse verbessern?

Der Informationsgehalt der umliegenden Meldungen läßt sich nicht erhöhen. Also muß eine Erhöhung des Informationsgehaltes über das Grundfeld erfolgen. Dieses läßt sich durch Einführung neuer Information erzielen. Es bietet sich an, eine erste Analyse als Grundfeld zu verwenden. Die Verwendung einer Prognose kommt wegen ihrer im allgemeinen schlechteren Qualität, der nicht möglichen Berücksichtigung des Prognosefehlers, vor allem aber wegen der technologischen Nutzung der Prognosewerte als Analysenhintergrund im Interpolationsansatz nicht als Grundfeld in Frage (s. Abschnitt 6.2.).

Die erste Analyse wird unter Verwendung der Klimanormwerte als Grundfeld errechnet und dann als Grundfeld für die Berechnung einer zweiten Analyse verwendet. Diese kann wieder als Grundfeld verwendet werden usw. Das ist die Methode der Iteration des Grundfeldes. Sie läßt sich folgendermaßen beschreiben:

$$f_S^{(k)} = \overline{f^{(k)}} + f^{+(k)} \tag{34}$$

mit

$$f^{+(k)} = \sum_{i=1}^{n_k} p_i^{(k)} \tilde{f}_i^{(k)} . \tag{35}$$

$f_S^{(k)}$ ist die Größe des meteorologischen Elementes nach der $(k-1)$ten Iteration (der k-ten Analyse). Die Größe $\overline{f^{(k)}}$ ist als Grundfeld für die Berechnung der k-ten Analyse gerade das Ergebnis der $(k-1)$ten Analyse (die nullte Analyse ist das Normfeld). Die $\tilde{f}_i^{(k)}$ sind die Abweichungen der beobachteten Elemente der i-ten umliegenden Station in der $(k-1)$ten Iteration von ihrem Grundfeldwert. Die $p_i^{(k)}$ sind die Gewichte der $(k-1)$ten Iteration, der Berechnung der k-ten Analyse.

Während des Iterationsprozesses erscheint es sinnvoll, den Korrelationsradius der die statistische Struktur des meteorologischen Feldes beschreibenden Korrelationsfunktion zu verringern, da die Korrelation der umliegenden Meldungen bezüglich des Gitterpunktes (bzw. der zu kontrollierenden Station) auf Grund des erhöhten Informationswertes des Grundfeldes während des Iterationsprozesses sinkt. Die umliegenden Meldungen haben einen immer geringeren Einfluß auf das Interpolationsergebnis, da ihr Informationsgehalt mehr und mehr in den Grundfeldwert eingegangen ist. Für die iterativen Verfahren, die nur Druck- bzw. Geopotentialwerte verwenden, ist eine Verringerung des Korrelationsradius aus den genannten Gründen sicher richtig. Bei komplizierteren Korrelationssystemen, wie z. B. dem unserer Geopotentialanalyse, können die dann errechneten Korrelationen der beteiligten Elemente zum Gitterpunkt und die Interkorrelationen durchaus eine schlechtere Schätzung der tatsächlichen Beziehungen darstellen. Unter Berücksichtigung der bereits vorhandenen Vielfalt und teilweiser Redundanz der Information im System der Geopotentialanalyse kann eine Verringerung des Korrelationsradius aus den oben genannten Gründen zu einer größeren Instabilität des Gleichungssystems führen. Deshalb ist die Veränderung des Korrelationsradius bei Zusatzinformation verwendenden Systemen nicht zweckmäßig. Škoda (1975) verändert den Korrelationsradius während der Iteration (vier Iterationen bei der nur TEMP-Geopotential verwendenden Geopotentialanalyse) allerdings aus Rechenzeitgründen nicht. Die Gewichte p_i werden nur einmal berechnet und bei jeder Iteration wieder verwendet. Es werden für jede Iteration nur die Abweichungen $\tilde{f}_i^{(k)}$ neu bestimmt.

Durch das Iterieren wird erreicht, daß der Wert des analysierten Feldes sich immer mehr dem beobachteten Wert an der jeweiligen Station annähert. Durch eine hohe Zahl von Iterationen kann also erreicht werden, daß der Analysewert nicht mehr vom Beobachtungswert an einer Station abweicht. Dieses ist sicher nicht mit der Minimumforderung (2) verträglich, aus der sich die Gewichte p_i so bestimmen, daß die quadratische Abweichung zwischen dem wahren Wert f und dem interpolierten Wert f^+ im statistischen Mittel ein Minimum wird, während die Folge der Gewichte $p_i^{(k)}$ des Iterationsprozesses im Endeffekt für jede meteorologische Situation und jede Station ein Minimum der genannten Abweichung erzielt. In diesem Sinne durchbricht das Iterationsverfahren die Minimumforderung. Die Zahl der Iterationen und das damit verbundene Annähern des Analysefeldes an die Beobachtungswerte ist auch noch aus einem anderen Grund vorsichtig zu handhaben. Der Sinn der numerischen Analyse besteht ja darin, bei möglichst gutem Erfassen der

Extrema einen kontinuierlichen Übergang zwischen den Extrema zu erhalten, und nicht darin, das analysierte Feld an jeden Beobachtungswert „heranzuzwingen“. Dieses führt zu erheblichen Irregularitäten schon in einem Gebiet mit hoher Netzdichte, besonders aber bei geringer Dichte der Information.

Aus den genannten Gründen sind die Anzahl der Iterationen und der variable Korrelationsradius durch numerische Experimente zu bestimmen.

Wichtig ist die Frage, wann der Iterationseffekt verschwindet. Das tritt nur in zwei Fällen auf, einmal, wenn alle $\mathcal{J}_i^{(k)}$ Null sind, d. h., wenn jede Abweichung des beobachteten Wertes von seinem Grundfeld verschwindet, und zum anderen, wenn die k-te Analyse derart um die Beobachtungswerte schwankt (Gewichte sind positiv), daß die Linearkombination (35) verschwindet. Beide Fälle zeigen den Grenzfall der Iteration, im ersten Fall hat die numerische Analyse an den Stationen die Beobachtungswerte angenommen, der Iterationseffekt ist gleich Null, im zweiten Fall schwankt die Analyse um die Beobachtungswerte als Lärm. Die Abweichungen sind nur noch weißes Rauschen.

Es ist auch eine Berücksichtigung der ersten Analyse analog der Verwendung der Prognose bei der Geopotentialanalyse möglich. Dieses hätte den Vorteil, den Analysefehler der ersten Analyse zu berücksichtigen. Ein derartiges Vorgehen führt aber nicht zu dem erwarteten Iterationseffekt, da die Einbeziehung im Interpolationsansatz schwächer wirkt als über das Grundfeld. Außerdem wird mehr Rechenzeit benötigt.

Ein besonderes Problem besteht bei der Berechnung des theoretischen Interpolationsfehlers für mit verringertem Korrelationsradius erzeugte Analysen. Da der Korrelationsradius verringert wird, erhöht sich nach Gleichung (6) der Wert des Interpolationsfehlers, der sich gerade vermindern müßte, da die Analyse durch das verbesserte Grundfeld informativer wird. Der scheinbare Widerspruch besteht darin, daß der Interpolationsfehler das Ergebnis der optimalen Interpolation widerspiegelt und keine Abhängigkeit zum gemessenen Wert besteht.

Das iterative Verfahren ist gerade ein Vorgehen, das im ersten Schritt den mittleren quadratischen Fehler minimiert und den maximalen Fehler (besonders bei extremen Werten) in den Folgeschritten (vgl. KLUGE, 1982). Daraus ergibt sich, daß der Interpolationsfehler auf den Folgeschritten nach der Theorie nicht sinken kann, da keine Information im Sinne der optimalen Interpolation zugeführt wird.

Zwei Auswege bieten sich an. Einmal den Interpolationsfehler der ersten Analyse auch den weiteren Analysen (es gibt bei unserer Methode nur eine zweite Analyse; siehe unten) zuzuordnen, da der Fehler der optimalen Interpolation prinzipiell etwas zu optimistisch ist. So wurde es für die iterative Bodendruckanalyse auch realisiert. Oder aber, um doch die bessere Qualität des Iterationsverfahrens auch im Interpolationsfehler ε_2^2 der zweiten Analyse auszudrücken, eine Modifikation des Fehlers ε_1^2 im statistischen Mittel vorzusehen nach

$$\varepsilon_2^2 = \frac{S_2^2}{S_1^2}\,\varepsilon_1^2\,, \qquad (36)$$

mit S_2^2/S_1^2, dem Verhältnis der mittleren quadratischen Abweichungen der beiden numerischen Analysen zu einer Vergleichsanalyse, z. B. einer sorgfältigen subjektiven Analyse.

Für die Bodendruckanalyse wurde das beschriebene iterative Schema zuerst nur unter Verwendung von Druckwerten (jeweils vier umliegende Stationen) bei der Interpolation realisiert. Im ersten Schritt wird ein 300-km-Gitter errechnet (der Parameter der Korrelationsfunktion ist $L = 0{,}8$). Im zweiten Schritt beträgt der Gitterpunktsabstand 150 km, und der Parameter ist $L = 0{,}5$. Durch numerische Experimente (16 Fälle) wurde nachgewiesen (s. STAHNKE-JUNGHEIM, 1979), daß dieses iterative Verfahren zu einer Verminderung der Varianz (r m s e) im Vergleich zu einer ersten Analyse über See um 12,2 %, über Land um 7,4 % und in Zentren von Tiefdruckgebieten über See um 23 % und über Land um 10 % führt.

Bei der Verwendung der gleichen Korrelationsfunktion im zweiten wie im ersten Schritt wurden über See schlechtere Ergebnisse erzielt. Das bestätigt die theoretisch richtige Verringerung des Korrelationsradius für nur Daten des Massenfeldes benutzende Iterationsverfahren. Über Land hat die Verringerung des Korrelationsradius keinen Einfluß auf das Ergebnis, da die umliegenden Beobachtungen a priori eine sehr hohe Korrelation haben.

Am größten wurde die Verbesserung durch die Iteration in den Zentren von Tiefdruckgebieten über See erwartet. Der Wert von 23 % überrascht jedoch und zeigt, wie beträchtlich doch die Glättung durch die numerische Analyse bei der Erfassung dieser Zentren ist und wie stark das Iterationsverfahren die Glättung mindert.

Es wurde für diese Falluntersuchung auch eine zweite Iteration, die Berechnung einer dritten Analyse, einmal mit $L = 0{,}3$ und einmal mit $L = 0{,}8$ realisiert. Es trat eine Vergrößerung der Prüfgröße gegenüber der zweiten Analyse auf, aber im allgemeinen noch ein besseres Ergebnis als die erste Analyse. Die negative Wirkung wurde durch wieder „richtig“ gewordene Beobachtungsdaten (durch die iterative Kontrolle) und durch eine zu steile Wahl der Korrelationsfunktion ($L = 0{,}3$), die dazu führt, daß die Analyse sich schon sehr den Beobachtungswerten angenähert hat, aber vor allem durch die gute Qualität der zweiten Analyse erreicht, die für die verwendete Information offenbar eine optimale Prozedur darstellt.

Weitere Iterationen bewegen sich schon im Lärmniveau, so daß auch durch die Berechnung einer dritten Analyse ohne Kontrollprozedur und bei einer nicht weiter veränderten Korrelationsfunktion (auch $L = 0{,}5$) keine Verbesserung erreicht wurde, was Einzelfallstudien bestätigten.

Das vorgestellte iterative Verfahren der Bodendruckanalyse wurde von 1978 bis 1982 operativ in unserem Zentrum eingesetzt. Die Rechenzeit beträgt für die Sortierung, die erste Kontrolle, die erste Analyse, die zweite Kontrolle und die zweite Analyse (jeweils vier umliegende Stationen) auf der BESM-6 vier bis fünf Minuten. Dieses Verfahren führte durch Verbesserung der horizontalen Kontrolle (iterative Kontrolle) und Minderung des Glättungseffektes (über See und über Land) zu einer zum Teil erheblich höheren Qualität der numerischen Analyse. Für die Analyse über See wurde mit der Verringerung der Varianz um mehr als 10 % etwa der gleiche Betrag wie bei der Einbeziehung des Windes bei der Interpolation erreicht. Deshalb und wegen der erheblich besseren Erfassung der Tiefzentren wurde das früher verwendete Verfahren (Nutzung von Druck- und Winddaten, keine Iteration, s. Abschnitt 6.2.2.) durch das iterative Verfahren abgelöst.

Die Grenzen des Iterationsverfahrens sind offenbar dort erreicht, wo die für die Berechnung des Gitterpunktes verwendete Information so weit entfernt gelegen ist bzw. geometrisch so angeordnet ist, daß durch das Iterationsverfahren keine Verbesserung erfolgen kann, z. B. wenn der Kern eines Tiefdruckgebietes nicht belegt ist. In diesen Fällen ist nur eine Erhöhung der Analysequalität durch die Verwendung von Zusatzinformation, z. B. gerade der Windinformation, zu erreichen. Aus diesem Grund ist das Iterationsverfahren für den Bodendruck auf die Einbeziehung des Windes auszudehnen (s. Abschnitt 6.4.2.1.).

Für die Geopotentialanalyse, die neben TEMP- und SATEM-Geopotentialdaten die Windinformation und technologieabhängig Prognosewerte nutzt, konnte es nur darum gehen, im Rahmen dieses Interpolationsschemas, das bereits eine gute Analysequalität sichert, durch das iterative Verfahren — also unter Beibehaltung der Nutzung dieser vier Informationsarten — eine Verbesserung der numerischen Analyse zu erzielen. Das ist im folgenden Abschnitt beschrieben.

6.4.2. Methode der Iteration des Grundfeldes unter Einbeziehung der Winddaten als Zusatzinformation

6.4.2.1. Geostrophische Schätzung der Gradienten aus den Winddaten

In Anbetracht der bei der Bodendruckanalyse durch das iterative Verfahren nur unter Verwendung von Druckdaten erreichten Verbesserung der Analysequalität sowie der Erfordernis der Nutzung der Winddaten für die Analyse in der freien Atmosphäre wurde für die *Geopotentialanalyse* folgender iterativer Ablauf realisiert. Nach der Sortierung der Information, der Kontrolle der Geopotentialdaten (Dreistufenkontrolle für TEMP- und SATEM-Daten, s. Abschnitt 5.1.1.) und der geostrophischen Kontrolle der Winddaten (s. Abschnitt 5.3.1.) wird eine erste Analyse unter Verwendung von TEMP- und SATEM-Geopotentialdaten und technologieabhängig von Prognosedaten, also ohne Einbeziehung der Winddaten, errechnet. Mit dieser Analyse als Grundfeld wird dann die Kontrolle des Massenfeldes gemäß Abschnitt 5.1.2. wiederholt (iterative Dreistufenkontrolle) und im Anschluß daran die zweite Analyse unter Einbeziehung der Winddaten bei der Interpolation ermittelt, also der vollständige Interpolationsblock realisiert. Bezüglich der Windinformation bedeutet das die geostrophische Einbeziehung der Winddaten im Interpolationsansatz zur Bestimmung der Gewichte und die geostrophische Schätzung der Abweichungen der Gradienten aus den gemeldeten Winddaten für die Ausführung der Interpolation.

Das genannte iterative Vorgehen sichert im Vergleich zum im Abschnitt 6.2.1. beschriebenen Analysemodell im ersten Schritt ein aus allen verfügbaren Geopotentialdaten erzeugtes informatives Grundfeld, das Gundlage der zweiten Analyse ist, die zusätzlich die TEMP-Winddaten verwendet. Die Strategie besteht also darin, keine bereits gewonnene Analysequalität durch Veränderung des Ansatzes bzw. der inneren Technologie zu verschenken, sondern „nur" durch ein bedeutend informativeres Grundfeld (Berücksichtigung selbstverständlich bei der Berechnung der Abweichungen der beobachteten Daten) die Qualität zu erhöhen. Deshalb wurde auch nicht erwogen, die erste Analyse wie bisher unter Einbeziehung der Winddaten zu erzeugen und die zweite Analyse nur durch Interpolation aus Geopotentialdaten, evtl. mit noch einer verminderten Anzahl beteiligter Daten, zu errechnen. Auch dieses ist eine mögliche Strategie. Sie verankert im ersten Schritt alle verfügbare Information im Grundfeld und sorgt im zweiten Schritt für ein Heranführen des Grundfeldes an die Massenfelddaten. Auch das führt zu einer Verbesserung der Analyse. Es wurden keine Untersuchungen über die Vorteile der beiden Strategien durchgeführt. Es erscheint jedoch zweckmäßiger, die gesamte zur Verfügung stehende Information bei der zweiten Interpolation einzuführen, da bei der Analyse in der freien Atmosphäre wegen der Informationsdichte der Interpolationsanteil am Gesamtergebnis gegenüber dem Grundfeldanteil, trotz seiner großen Bedeutung für das Endergebnis, überwiegt. Aus diesem Grunde ist es auch nicht erforderlich, für unsere gewählte Strategie die erste Analyse auch unter Einbeziehung der Winddaten zu errechnen. Die Wirkung auf das Endergebnis ist minimal.

Ausgehend von unserer Strategie und den in den Abschnitten 6.4.1. und auch 5.1.2. genannten Argumenten wurde auf eine Verringerung des Parameters der Korrelationsfunktion verzichtet. Der Stabilität des Analyseverfahrens wurde gegenüber einer korrekteren Korrelationsfunktion, die jedoch zu vorhersehbaren Nebenwirkungen führt, der Vorzug gegeben. Damit entsteht auch kein Problem bei der Berechnung des theoretischen Interpolationsfehlers. Es wird der der zweiten Analyse verwendet. Das beschriebene iterative Schema, das 1,5 bis 2 Minuten mehr Rechenzeit als das nicht iterative benötigt und das seit Anfang 1981 in unserem Zentrum operativ eingesetzt wird, verbessert die Geopotentialanalyse deutlich. Neben den schon bei der iterativen Bodendruckanalyse genannten Verbesserungen, die auch hier auftreten und nur durch die Angabe der Vertiefung der Zyklonen um 4 bis 6 gpdam im 500-mbar-Niveau im Gebiet normaler Netzdichte und von 2 gpdam bei hoher Netzdichte belegt werden sollen, tritt eine stärkere Bündelung der Isohypsen in Zyklonen und im Jetbereich ein, die jedoch noch nicht völlig befriedigen kann.

Ausgehend von den in Abschnitt 6.4.1. genannten Gründen, daß es Situationen gibt, in denen Iterationen bei der *Bodendruckanalyse* zu keiner Verbesserung der Analysequalität führen, wo also das Einführen von Zusatzinformation notwendig ist, und ausgehend davon, daß auch bei iterativen Verfahren die Einbeziehung der Windinformation zu einer weiteren Verbesserung der Analyse führen müßte, wurde das iterative Verfahren der Bodendruckanalyse auf die Einbeziehung der Windinformation über See beim zweiten Interpolationsschritt ausgedehnt.

Es wurde die Verwendung der Winddaten der vier mit Druckwerten an der Interpolation beteiligten Stationen mit auf $L = 0{,}5$ verringertem Parameter der Korrelationsfunktion vorgesehen. Bei der Kovarianzmatrix K_{nn} eines aus Wind- und Druckdaten mit $L = 0{,}5$ bestehenden statistischen Systems fällt auf, daß in den Teilmatrizen für die Kovarianzen der Windkomponenten betragsmäßig sehr unterschiedliche Werte auftreten, während dieser Effekt in den anderen Teilmatrizen der Kovarianzmatrix K_{nn} nicht vorkommt. Die Ursache dafür ist, daß in dem analytischen Ausdruck für die Kreuzkovarianzen der Windkomponenten für kleine Abstände und kleine Distanzen in x- und y-Richtung der umliegenden Stationen die Größe $1/L^2$ dominiert. Dadurch tritt einmal in der Hauptdiagonale ein Wert größer als 4 auf und die anderen Werte in den Teilmatrixen schwanken zwischen Null und größer als zwei. Eine so „diskontinuierlich" aufgebaute Kovarianzmatrix führt zwar zu einer korrekten Lösung, ist aber bezüglich der Wirkung der einzelnen Komponenten auf das Endergebnis (die Interpolationsgewichte) schwer einschätzbar, was gerade bei numerischen Testen von Nachteil ist. Deshalb wurde der Übergang zur Korrelationsmatrix vollzogen, d. h., die Druckkovarianzen wurden mit der Dispersion des Druckes, die Windkovarianzen mit der Dispersion des Windes und die gemischten Kovarianzen mit dem Produkt der Dispersion des Windes und des Druckes normiert. Die so erzielte Korrelatonsmatrix hat wieder das von der Geopotentialanalyse ($L = 1$) und der Bodendruckanalyse ($L = 0{,}8$, ohne Iteration mit Wind) gewohnte Bild. In der Hauptdiagonalen stehen Werte größer als Eins (1,02 für die Druck- bzw. 1,03 für die Windautokorrelation), und die nicht diagonalen Elemente liegen zwischen Null und nahe Eins und haben einen „kontinuierlichen" Übergang von Zeile zu Zeile bzw. Spalte zu Spalte.

Dieser Übergang zu den Korrelationsbeziehungen in den jeweiligen Teilmatrizen muß jedoch im Ansatz (1) berücksichtigt werden, der wegen der ursprünglichen Normierung aller Summanden mit der Dispersion des Bodendruckes eine explizite Einführung der Dispersionen nicht enthielt.

Er lautet jetzt für die Schätzung der Druckabweichung aus den „beobachteten" Abweichungen der Druckwerte und der Windwerte (Gradienten):

$$f^+ = \sum_i a_i \tilde{f}_i + \frac{S_p}{S_w}\left(\sum_k \frac{c_k}{m_k}\frac{\partial \tilde{f}_k}{\partial y} + \sum_j \frac{b_j}{m_j}\frac{\partial \tilde{f}_j}{\partial x}\right), \quad (37)$$

f repräsentiert den Bodendruck, a_i, b_j, c_k sind die Gewichte, m ist der Projektionsfaktor für die Abbildung der differentiellen Abstände von der Karte in die Natur, S_p, S_w ist die Dispersion des Druckes bzw. des Windes.

Mit dem so exakt nach der Methode der optimalen Interpolation aufgestellten Gleichungssystem für vier beteiligte Druckdaten und die vorhandenen Winddaten (meist je vier Komponenten) mit $L = 0{,}5$ wurde über See die Interpolation auf dem zweiten Iterationsschritt ausgeführt. Das Ergebnis war, daß die Erfassung der Tiefkerne z. T. wesentlich schlechter war.

Die Ursache für dieses unerwartete negative Ergebnis liegt darin, daß die Druckgewichte eines aus Druck- und Winddaten bestehenden statistischen Systems im Vergleich zu einem nur Druckdaten enthaltenden Systems bis zu 40% geringer sind, d. h., es tritt ein betragsmäßiger Verlust der Druckgewichte ein, was dazu führt, daß der Anteil der Druckdaten am Gesamtergebnis geringer ist. Dieser Verlust an Information kann durch den Anteil der Winddaten bei der Interpolation nicht kompensiert werden, da einmal die Gewichte der Windinformation prinzipiell geringer als die Gewichte der Druckwerte sind und zum anderen auch die Abweichungen der Gradienten keinen größeren Wert als die Druckabweichungen besitzen.

Dieser bei der Bodendruckanalyse durch die Einbeziehung des Windes vorhandene negative Effekt tritt bei der Geopotentialanalyse nicht auf. Da die statistische Struktur der Felder sich deutlich unterscheidet ($L = 0{,}5$ zu $L = 1{,}0$) und die Windinformation a priori ein höheres Gewicht hat, entsteht vor allem durch die über dem Atlantik auch bei normalem SATEM-Eingang geringere Netzdichte und die durch den mittleren Abstand der wenigen Winddaten (Wetterschiffe und Küstenstationen) auftretenden brauchbaren Korrelationen ein bedeutend größerer Beitrag im Interpolationsansatz in Form der Abweichungen vom Grundfeld und der Windgewichte.

Ein Ausweg aus der geschilderten Situation für die Bodendruckanalyse besteht offenbar nur darin, die durch die Iteration ohne Wind erreichte Analysequalität nicht aufzugeben und den Windeinfluß echt zusätzlich wirksam werden zu lassen. Als pragmatisches Vorgehen bietet sich an, die Druckgewichte aus dem System ohne Wind zu verwenden und die Windgewichte aus dem System mit Wind zu nutzen. Dadurch wird gewährleistet, daß kein Anteil der Druckdaten gegenüber der Variante ohne Wind verloren geht und der Windeinfluß nach Gewichten, die aus einem aus Druck und Wind bestehenden statistischen System gewonnen wurden, berücksichtigt wird, wenn auch die Druck- und Windwerte nicht einem geschlossenen statistischen System entsprechen. Diese theoretische Unexaktheit soll im Interesse der Sache nicht beunruhigen, zumal das iterative Verfahren die Minimumforderung der optimalen Interpolation nicht mehr erfüllt. Es geht eben, wie schon oben gesagt, beim iterativen Verfahren im zweiten Schritt um die Minimierung der extremen Abweichungen der Schätzgrößen von den wahren Werten, und dazu sind pragmatische Ansätze, wie es ja auch das iterative Verfahren ist, durchaus notwendig. Einen theoretischen Interpolationsfehler zu berechnen, ist natürlich für diese Ansätze unsinnig.

Nach einigen numerischen Experimenten mit dieser Interpolationstechnik konnte bereits eine positive Wirkung dieses Vorgehens konstatiert werden. Es trat eine trendmäßige richtige Wirkung des Windeinflusses ein, jedoch war der Betrag in Anbetracht der Güte der ersten

Iteration und des Einflusses der Druckdaten zu gering. Aus diesem Grunde wurde als weiteres „Austrimmen" dieser Interpolationstechnik der Faktor S_p/S_w aus Gleichung (37), der bei unserem statistischen System gerade gleich der Größe L der Korrelationsfunktion ist, von seinem Wert 0,5 ausgehend vergrößert und eine Serie numerischer Experimente durchgeführt. Es stellte sich heraus, daß mit S_p/S_w gleich Eins, also einer Verdoppelung des Windeinflusses, die besten Ergebnisse erzielt wurden, in deren Auswertung folgendes festgestellt werden kann:

— Es tritt fallweise eine synoptisch richtige Vertiefung und Vergrößerung der Tiefzentren in Gebieten normaler Netzdichte um drei bis fünf mbar (s. Abb. 8) und in Gebieten mit geringer Meldungsdichte (z. B. im Atlantik) um fünf bis zehn mbar ein. Letzteres wird dadurch erreicht, daß einmal für mittlere Entfernungen der umliegenden Stationen untereinander von 250 bis 550 km ein Maximum der Korrelationsfunktion existiert, woraus größere Windgewichte folgen als beim dichten Netz, und zum anderen durch größere Abweichungen der aus den beobachteten Winddaten errechneten Gradienten vom Grundfeldwert durch die schlechtere Schätzung des Grundfeldes des Gradienten in diesen Gebieten ein ebenfalls größerer Beitrag in der Interpolationsformel auftritt.

— Es tritt fallweise bedeutend mehr Feinstruktur in der Analyse auf. Kleinere meteorologisch relevante Zellen werden im Vergleich zur Variante ohne Wind überhaupt erst erfaßt. Ein eindrucksvolles Beispiel der

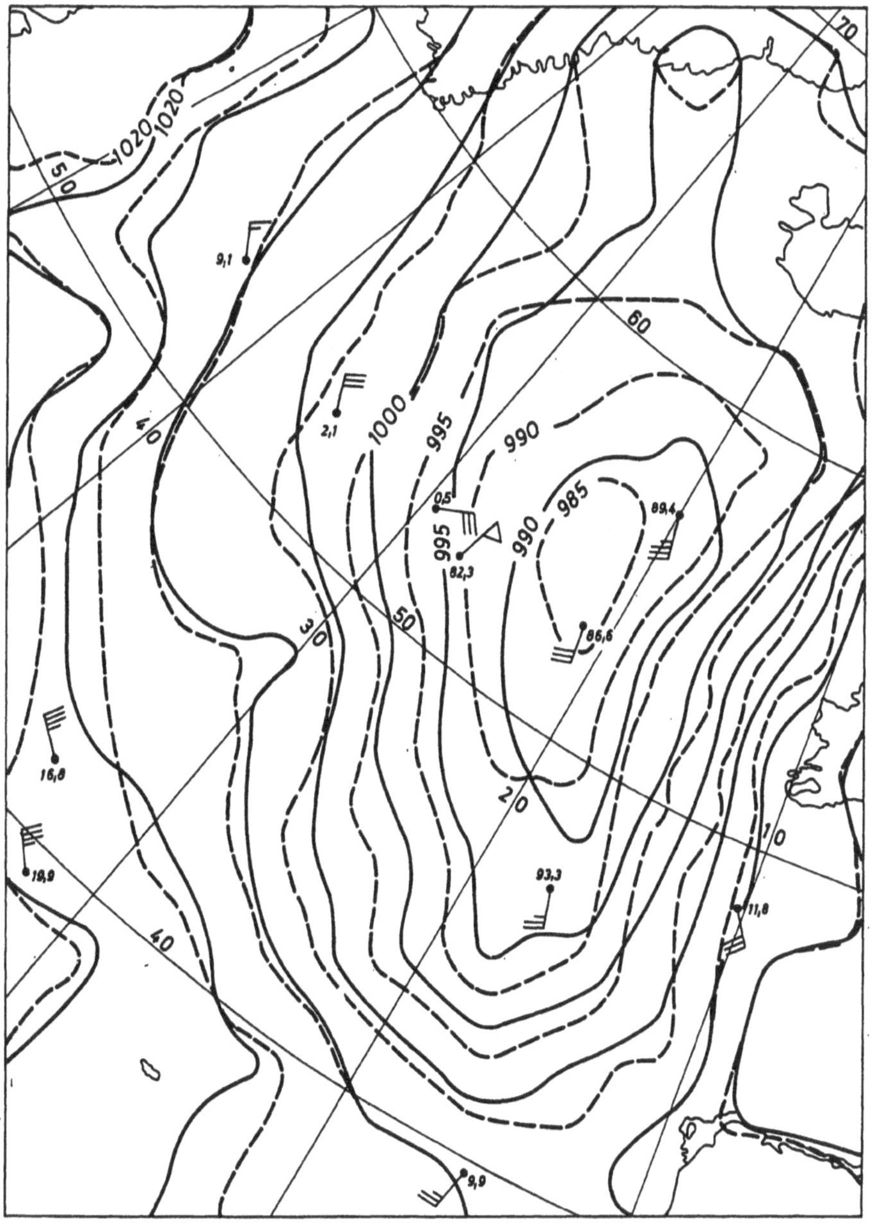

Abb. 8. Bodendruckanalyse, 15. 1. 1982, 0^{00} GMT
——— nur Verwendung von Bodendruckdaten beim iterativen Verfahren
— — — Verwendung von Bodendruck- und Bodenwinddaten bei der zweiten Analyse (1. Iteration)

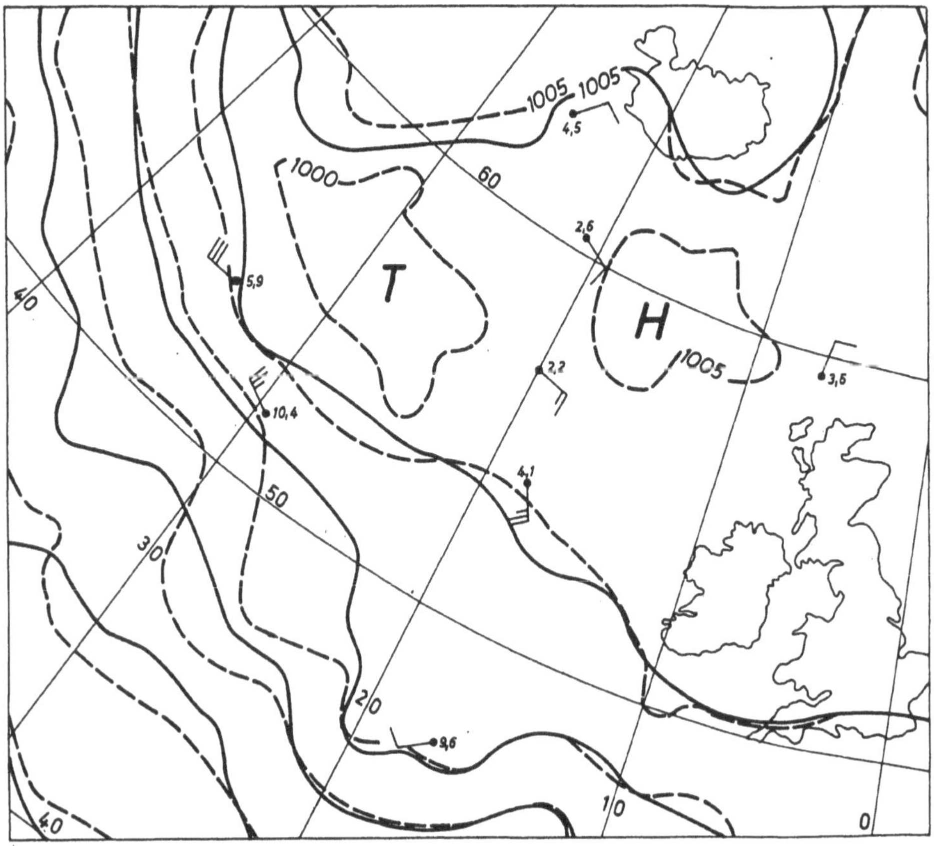

Abb. 9. Bodendruckanalyse 3. 7. 1981, 0^{00} GMT
——— nur Verwendung von Bodendruckdaten beim iterativen Verfahren
– – – Verwendung von Bodendruck- und Bodenwinddaten bei der zweiten Analyse (1. Iteration)

Erfassung eines sich entwickelnden Tiefs auf Grund der Winddaten zeigt Abb. 9.

Zusammenfassend kann festgestellt werden, daß durch die beschriebene Einbeziehung der Winddaten in Abhängigkeit von der meteorologischen Situation und dem Datenangebot fallweise eine merkliche Verbesserung der Analyse über See eintritt und sonst eine gleich gute Analyse im Vergleich zu der ohne Nutzung von Winddaten. Dieser pragmatische Windansatz (Gewichte aus zwei statistischen Systemen und verdoppelter Windeinfluß) erfaßt offenbar auch gut Störungen kleinerer Abmessungen, für die der geostrophische Ansatz und die verwendete Korrelationsfunktion nicht genügend erfüllt sind. Diese Fälle sind durch eine andere Korrelationsfunktion oder durch einen anderen Ansatz mit anderen Gewichten, wie in unserem Fall, zu lösen, d. h., neben der „Feld"-Statistik hat auch eine wetterlagenbezogene Statistik ihren Einsatzfall.

Die Rechenzeit für das iterative Verfahren der Bodendruckanalyse unter Einbeziehung der Winddaten erhöhte sich um etwa zwei Minuten auf sechs bis sieben Minuten. Dieses Verfahren wird seit 1982 operativ in unserem Zentrum angewendet.

6.4.2.2. Schätzung der Gradienten aus den Winddaten unter Verwendung der Gradientwindgleichung

Während das im letzten Abschnitt für den Bodendruck dargestellte iterative Verfahren unter Nutzung geostrophisch approximierter Gradienten in Anbetracht der pragmatischen Gewichtekombination und der Verdoppelung des Windeinflusses offenbar für die Bodendruckanalyse ein Vorgehen darstellt, das eine nur schwer zu übertreffende Analysequalität liefert, gibt es bei der Geopotentialanalyse noch Möglichkeiten einer weiteren Verbesserung der Analyse, die die noch vorhandenen Mängel mildern können. Der Hauptmangel der durch das iterative Analyseverfahren unter Verwendung von nur Geopotentialdaten im ersten Schritt und Geopotential- und Winddaten im zweiten Schritt erzeugten Geopotentialanalyse besteht trotz der erreichten guten Analysequalität in der ungenügenden Ausbildung der Gradienten in Zyklonen und ungenügenden Bündelung der Isohypsen im Strahlstrombereich. Der realisierte geostrophische Interpolationsansatz und die geostrophische Schätzung der Gradienten aus den Winddaten lassen keine weitere Verbesserung im Sinne eines geschlossenen statistischen Systems zu.

Es bestünde nun prinzipiell die Möglichkeit, den Interpolationsansatz, d. h. die Verknüpfung des Massen- und Windfeldes, durch andere Beziehungen darzustellen, z. B. unter Nutzung der Gradientwindgleichung oder der Balancegleichung. Dieses ist nicht Ziel dieser Arbeit und nicht trivial, wenn man an die Kompliziertheit des geostrophisch approximierten Systems denkt. Eine zweite Möglichkeit besteht in einer verbesserten Schätzung der Gradienten aus den Winddaten für die Ausführung der Interpolation (die Windinformation wird in Gebieten mit normaler und geringer Meldungsdichte einbezogen).

Es soll versucht werden, dieses durch die Nutzung der Gradientwindbeziehung zu erreichen, denn für gleiche Windgeschwindigkeiten ist ein nach der Gradientwindgleichung geschätzter Gradient in Zyklonen größer als der geostrophisch approximierte (vgl. auch Abschnitt 5.3.3.). Das kommt der numerischen Analyse zugute und müßte gerade die genannten Mängel mildern.

In dem folgenden Ansatz (Bezeichnungen analog zu Gleichung (37), H repräsentiert das Geopotential)

$$H^+ = \sum_i a_i \tilde{H}_i + \sum_j \frac{b_j}{m_j} \frac{\partial \tilde{H}_j}{\partial x} + \sum_k \frac{c_k}{m_k} \frac{\partial \tilde{H}_k}{\partial y}, \qquad (38)$$

sollen die Abweichungen der Gradienten für die umliegenden Stationen mit Hilfe der Gradientwindbeziehung aus den gemeldeten Winddaten geschätzt werden. Diese Schätzung erfordert als erstes die Bestimmung des Gradienten (in Richtung des tiefen Druckes bzw. niederen Geopotentials senkrecht zur Windrichtung) gemäß der Gradientwindgleichung

$$\frac{\partial H}{\partial n} = l\tilde{v} + \frac{\tilde{v}^2}{r}, \qquad (39)$$

mit der beobachteten Windgeschwindigkeit $\tilde{v}$ als Näherung für die Gradientwindgeschwindigkeit; l ist der Coriolisparameter für die Position der Station und r der Krümmungsradius der Trajektorie, der nach der Prozedur von ENDLICH (1961) und AHRENS, MEYER (1979) aus einem Gitterpunktsfeld (in unserem iterativen Verfahren aus der ersten Analyse) bereitgestellt und entsprechend dem in Abschnitt 5.3.3. Dargelegten gemittelt wird. Die so mit der Gradientwindbeziehung gewonnene Schätzung des Gradienten wird nun in ihre Anteile bezüglich des kartesischen Achsensystems entsprechend der gemeldeten Windrichtung einschließlich der Korrektur für die Umrechnung in das kartesische System zerlegt. Die Berechnung der Abweichungen der Gradienten für die jeweilige Station für Gleichung (38) erfolgt dann durch Subtraktion der aus der ersten Analyse bestimmten Grundfeldwerte der Gradienten. Damit ist die Interpolation (38) ausführbar. Die Auswertung erster numerischer Experimente mit den so geschätzten Abweichungen der Gradienten bestätigte die Richtigkeit der zugrunde liegenden Überlegung. Die Berechnung der Gradienten nach Gleichung (39) in Zyklonen für mittlere Radien größer 400 km führte zu einer stärkeren Ausbildung der Gradienten. Die Untersuchungen sind jedoch noch weiterzuführen, um einen operativen Einsatz dieses Schätzungsansatzes zu erlauben (STAHNKE-JUNGHEIM, LAMBACHER, 1984).

6.5. Weitere Möglichkeiten der Verbesserung der Analysequalität

Im Rahmen des eingesetzten Interpolationsansatzes und der vorhandenen Programmpakete gibt es durchaus noch Möglichkeiten, die zu einer fallweisen bzw. teilweisen Verbesserung der Analyse führen können und im Analyseprogrammpaket prinzipiell realisierbar sind. Es bestünde zur Verbesserung der Geopotentialanalyse in Gebieten mit hoher Netzdichte die Möglichkeit der Einbeziehung der Winddaten von entfernter gelegenen Stationen bei der Interpolation, d. h. die Verwendung der durch den Suchalogirthmus bereitgestellten fünf umliegenden TEMP-Geopotentialdaten (mit einem mittleren Abstand von etwa 400 km) und die Nutzung einer festzulegenden Anzahl von Winddaten für Stationen eines Abstandes von 600 bis 1200 km, wo die Korrelation zum Geopotential maximal ist. Dieses Vorgehen könnte zu einer gewissen Verbesserung der Analyse führen, jedoch ist in Anbetracht des benötigten Rechenzeitaufwandes und der bereits durch das iterative Verfahren und die Meldungsdichte erreichten Analysequalität diese Realisierung nicht zwingend erforderlich. Es gibt zwei Varianten einer „quasi-dreidimensionalen" Analyse für die Geopotentialanalyse. Die erste Variante bestünde in der Verwendung nur der Information, die auf allen Niveauflächen existiert, in einer ersten Etappe, und in einer zweiten in der „Korrektur" der Analyse auf den jeweiligen Niveaus mit der dort bisher noch nicht verwendeten Information nach der von KLUGE (1976b) vorgeschlagenen Weise. Eine zweite Variante könnte in dem Fall, wo auf allen Niveaus keine Information unter den an der Interpolation beteiligten Stationen fehlt, die Berechnung der Gitterpunktswerte durch eine einmalige Berechnung der Gewichte vornehmen, im anderen Fall zu einer dreidimensionalen Betrachtung, d. h. der mehrmaligen Berechnung der Gewichte übergehen. Im Anschluß an beide Varianten müßte eine vertikale Anpassung der Niveauflächen vorgenommen werden (s. KLUGE, 1982), da das Informationsangebot unterschiedlich war.

Es kann eingeschätzt werden, daß beide Varianten zu keiner merklichen Verbesserung gegenüber unserem zweidimensionalen Ansatz führen. Eine qualitative Verbesserung läßt sich nur durch die Ausdehnung der optimalen Interpolation auf die räumliche und die zeitliche Dimension erreichen. Die Ausdehnung auf drei räumliche Dimensionen, d. h. die Berechnung der Interpolationsgewichte für Gruppen von Flächen, für Einzelflächen oder die Berechnung für einen Raumpunkt aus seiner räumlichen Umgebung (nicht nur aus seiner horizontalen Umgebung), erlaubt die Berücksichtigung des konventionellen Materials als auch isolierter Beobachtungen mit ihren informationseigenen Fehlern auf und zwischen den Analyseflächen (z. B. AIREP- und SATOB-Daten, Daten von Bojen, Fallsonden und Driftballonen neben fiktiven Daten; s. Tabelle 1 in KLUGE, STAHNKE-JUNGHEIM, VOLLBRECHT, 1980) und würde außerdem eine vertikale Konsistenz der berechneten Gitterpunktswerte erzeugen. Die Verarbeitung eines derartigen heterogenen und dreidimensionalen Informationsangebotes führt zu außerordentlich großen Korrelationsmatrizen, die nur durch bedeutend leistungsfähigere Rechner mit Softwaresystemen zur Vektorprogrammierung bzw. hardwarenmäßigen Voraussetzungen wie Matrixmodul effektiv gelöst werden können.

Ein räumlich dreidimensionales Vorgehen erfordert auch nicht mehr die Berechnung von Ersatzwerten für bei der Kontrolle verworfene Daten (obwohl gerade jetzt ein größerer Fehler bei der Interpolation berücksichtigt werden könnte), da die Gewichte dann nur für die bzw. ausgehend von den wirklich vorhandenen Informationen bestimmt werden.

Eine Ausdehnung der Analyse auf die zeitliche Dimension heißt, einen Analyse-Prognose-Zyklus zu realisieren, der so abläuft, daß er die Information, die zwischen dem traditionellen 0-Uhr- und dem 12-Uhr-Termin liegt, bzw. die Information, die zum Termin zwar vorliegt, aber wegen ihrer beträchtlichen Asynchronität nicht mehr im statistischen Ansatz einbezogen werden kann, zu zwischen dem 0-Uhr- und dem 12-Uhr-Termin gelegenen Terminen z. B. sechsstündlich verarbeitet. Solche Systeme, wie z. B. im Wetterdienst der BRD (s. Peyinghaus, 1980) erfordern jedoch neben der Computerleistung für die Realisierung des Analyse-Prognoseprozesses erhebliche, meist technische Voraussetzungen für den gesamten technologischen Prozeß.

Eine weitere Möglichkeit zur Verbesserung der Analysequalität besteht neben der expliziten Erhöhung der Qualität durch bessere Methoden bzw. Verfahren und einer noch vollständigeren Nutzung des Informationsangebotes in der Beseitigung von (z. B. durch Kontrolldefekte, Nachteile des Interpolationsansatzes, Programmierfehler, Zufallsfehler, u. a.) vorhandenen Fehlern im Interpolationsfeld noch vor Abschluß des Analysejobs. Belousov, Artanova (1975) machen dazu einen Vorschlag, der in der Ermittlung der falschen Gitterpunktswerte (Prüfung der Gradienten) und der falschen beteiligten Beobachtungswerte nach einfachen Algorithmen sowie in der Wiederholung der Interpolation nach Ausschluß dieser Werte besteht. Heute sollten dazu Mittel der Mensch-Maschine-Wechselwirkung eingesetzt werden.

Als letztes soll ein Vorschlag zur Verbesserung der Bodendruckanalyse im Bereich der Wetterschiffe unterbreitet werden, der sich auf die Präzisierung der Lage des Zentrums eines in der Nähe gelegenen meteorologischen Gebildes bezieht, die fallweise vom Synoptiker bemängelt wird. Aus den Druck- und Windbeobachtungen der Wetterschiffe läßt sich nach einem einfachen Algorithmus ein Druckwert für eine Position senkrecht zur Windrichtung und für einen gewissen Abstand von der Wetterschiffsposition schätzen. Durch diese numerisch erzeugten „bogus data" als zusätzliche Druckwerte wird die Meldungsdichte im betreffenden Gebiet erhöht und eine bessere Schätzung der Analyse bezüglich der Lage des Zentrums erreicht.

7. Möglichkeiten der Mensch-Maschine-Wechselwirkung im System der numerischen Kontrolle und Analyse

Die Forderung nach einer Mensch-Maschine-Wechselwirkung (man-maschine-mix), d. h. die Verbesserung, Ergänzung und Korrektur von numerischen Produkten (im besonderen von Analysen und Prognosen) durch den Synoptiker zu jedem beliebigen Zeitpunkt ihrer Erarbeitung, ergab sich aus dem Anfang der siebziger Jahre auftretenden Trend (s. die Studie von Eckner, 1981), daß durch den Ersatz der manuellen Unterlagen durch numerische Produkte und ihrer kritiklosen Nutzung in der wetterdienstlichen Praxis eine Verschlechterung der Prognoseleistung eintrat. Es wurde bald erkannt, daß nur die Kombination der numerischen (maschinellen) Produkte mit den subjektiven Einschätzungen zu einer relevanten Verbesserung der Endergebnisse führt. Davon ausgehend wurde in den meteorologischen Diensten begonnen, Mensch-Maschine-Systeme aufzubauen, die letztlich zu einer neuen Arbeitsweise in der synoptischen Meteorologie führen.

Ein sehr modernes System der Mensch-Maschine-Wechselwirkung ist das AFOS (Automation of Field Operations and Service)-System des US-amerikanischen Wetterdienstes (vgl. Klein 1976, Snellman, Murphy, 1979). Dieses System bzw. andere bereits realisierte Systeme (vgl. Eckner, 1981) erfordern einen erheblichen Aufwand an Technik und Technologie. Aus diesem Grunde ist der Einsatz derartiger interaktiver Systeme bisher auf wenige Länder beschränkt. Trotzdem steht das Problem der Mensch-Maschine-Kombination für jedes Land auf der Tagesordnung, das numerische Produkte erzeugt.

In unserem Zentrum wurden erste bescheidene Schritte in diese Richtung mit der Erarbeitung der Drucktendenzanalyse im Jahre 1977 gegangen. Wegen der besonderen Gefahr des Verwerfens der Drucktendenzmeldungen isoliert liegender Stationen durch die horizontale Kontrolle wurde für alle verworfenen Beobachtungen isoliert liegender Stationen (überwiegend Schiffe) mit einem Betrag der Drucktendenz größer gleich drei mbar eine Klartextmitteilung auf den Rand der Plotterkarte geschrieben, die die Koordinaten, den Stationsindex (bei Landstationen) und die beobachtete bzw. korrigierte Drucktendenz enthält. Als Maß für die Isoliertheit gilt ein Wert des theoretischen Interpolationsfehlers größer als 0,10, das entspricht einem mittleren Abstand der umliegenden Stationen von 150 km. Weiterhin werden als zusätzliche Information alle Meldungen mit einem Betrag der Drucktendenz größer gleich fünf mbar ausgeschrieben, da dieses extreme Werte sind, die durch die horizontale Kontrolle durchaus verworfen werden können.

Als Maßnahme zur Kennzeichnung der Informationsdichte werden bei den Bodenanalysen die Stationsanzahlen für vier Gebiete (Zentraleuropa, Osteuropa und Nordafrika, Nordamerika, Atlantik) auf die Plotterkarte geschrieben und für die Höhe als Äquivalent die 0,03-Isolinie des theoretischen Interpolationsfehlers in einer der Prognosekarten dargestellt. Diese Linie umrandet die Gebiete mit normaler Informationsdichte.

Mit dem Anschluß alphanumerischer Displays an den für den rt-Prozeß der numerischen Wettervorhersage eingesetzten Rechner BESM-6 im Jahre 1980 ergab sich die prinzipielle Möglichkeit, erste Elemente der Mensch-Maschine-Wechselwirkung in unserem Zentrum zu erarbeiten und einzusetzen.

Für das System der numerischen Kontrolle und Analyse lassen sich mit dieser einfachen Dialogtechnik zwischen Synoptiker und Rechner folgende Maßnahmen realisieren:

— Einführung von bogus data im Bodendruck- und Geopotentialfeld für Gebiete mit a priori geringer Informationsdichte, für Gebiete mit aktuellen extremen Werten und für Gebiete mit durch aktuellen schlechten Dateneingang geringer Informationsdichte,
— Entscheid von Zweifelsituationen bei der numerischen Kontrolle,
— Beseitigung von Fehlern im Rahmen einer numerischen Analysenendkontrolle.

Durch Einführung von bogus data wird einmal explizit die Analyse verbessert (in Gebieten mit geringer Informationsdichte) und zum anderen durch die Stützung der extremen Werte sowohl die Glättung vermindert als auch dazu beigetragen, das Verwerfen dieser extremen Werte zu verhindern, wodurch gravierende Analysefehler vermieden werden. Die vom Synoptiker unter Einbeziehung aller ihm zur Verfügung stehenden Information geschätzten fiktiven Daten werden mittels Display in einem vereinbarten Format auf einem Plattenbereich abgespeichert. Durch das Analyseprogrammpaket wird dieser Plattenbereich zu Beginn des Jobs abgefragt, und die vorliegenden Daten werden der Bearbeitung zugeführt.

Die Mitarbeit des Synoptikers bei der numerischen Kontrolle bezieht sich auf den Entscheid von Zweifelsituationen in den Kontrollprozeduren, das heißt auf Situationen, in denen die Einzelprüfungen des Kontrollalgorithmus sich widersprechen und durch den Kontrollalgorithmus eine relativ unsichere Entscheidung zu treffen wäre. Diese Fälle sollten dem Synoptiker über Display signalisiert werden und ihm alle an den numerischen Prüfungen beteiligten Daten und die Prüfergebnisse mitgeteilt werden. Der Synoptiker hat dann die Entscheidung zu treffen. Dieses muß rasch geschehen, da während der Intervention natürlich die Abarbeitung des Analysejobs unterbrochen ist. Da jedoch nur wenige derartige Fälle pro Analyse auftreten und im allgemeinen die Entscheidung für den Menschen nicht kompliziert ist, ist dieses Vorgehen realisierbar. Es ließe sich eine Zeittoleranz für die Korrektur einführen, bei deren Überschreiten automatisch der Analysejob fortgesetzt wird. Die Arbeit des Synoptikers sollte jedoch nicht nur im Entscheid der jeweiligen Kontrollsituation liegen (Verwerfen oder Nichtverwerfen der Meldung), sondern auch im Korrigieren des zu kontrollierenden Wertes bzw. umliegender bereits erkennbarer defekter Daten. Die Mitarbeit des Synoptikers in der numerischen Kontrolle und ausgefeilte Algorithmen der numerischen Kontrollprozeduren kann man fast als eine komplexe Kontrolle der Information bezeichnen. Das noch fehlende Element für die komplexe Kontrolle besteht in der feldmäßigen Bewertung der erzeugten Analyse, d. h. in der Darstellung mittels eines graphischen Displays und vorhandener Interventionsmöglichkeit. Durch eine derartige Analysenendkontrolle sind Fehler im Analysefeld leicht erkennbar, die falschen Gitterpunktswerte und die Ursachen, im allgemeinen falsche Daten, ermittelbar. Nur durch diese Feldbetrachtung können *die* falschen Daten ermittelt werden, die bei der numerischen Kontrolle „sofort", d. h. bei der ersten horizontalen Kontrolle „richtig" waren, und deshalb im Kontrollapparat nicht weiter behandelt werden. Das sind bei der Bodendruckanalyse in erster Linie Situationen, die sich durch mehrere benachbarte fehlerhafte Daten auszeichnen, wie z. B. zwei fehlerhafte Druckwerte und ein fehlerhafter Windwert. Träfe nämlich letzteres für einen der beiden durch die Gradientprüfung verworfenen Druckwerte in Abb. 5 zu, wäre der mit dem falschen Windwert behaftete Druckwert im Datenangebot enthalten geblieben und hätte zu einer fehlerhaften Analyse in diesem Raum geführt, die jedoch der Mensch sofort erkennen würde und bei Existenz entsprechender Interventiontechnik rasch korrigieren könnte.

Es bestünde die Möglichkeit, einmal das vorgelegte Feld selbst zu korrigieren oder die falschen Daten zu eliminieren bzw. zu korrigieren und die Rechnung neu durchzuführen. Bei Existenz eines graphischen interaktiven Displays wird sicher der erste Weg bevorzugt werden.

Für unser jetziges System mit alphanumerischem Display als Dialogmöglichkeit könnte folgende Prozedur realisiert werden. Durch eine numerische Analysenendkontrolle können die defekten Gitterpunktswerte ermittelt werden, diese und die bei der Interpolation beteiligte Information per Display bereitgetellt werden und nach Eingriff in dieses Datenangebot (Streichen bzw. Korrektur der Daten) die Berechnung der betroffenen Gitterpunktswerte wiederholt werden.

Die genannten in unserem System realisierbaren Interventionsmöglichkeiten sind wichtige, wenn auch nur erste Schritte auf dem Weg zu einem System der Mensch-Maschine-Wechselwirkung.

8. Aufbau und Leistungen eines Programmpaketes für die numerische Kontrolle und Analyse

Die Entwicklung der numerischen Wettervorhersage ist — wie bereits einleitend ausgeführt — eng mit der Entwicklung der Rechentechnik verbunden. Es wuchsen jedoch nicht nur die Anforderungen an die Hardwareleistungen und -möglichkeiten wie z. B. Hauptspeichergröße, Operationsgeschwindigkeit, Art und Größe der externen Speicher, Zugriffszeit und Transferrate. Immer deutlicher wurde auch, daß die Software entscheidend den zu erreichenden bzw. erreichten Entwicklungsstand mitbestimmt. Da für einen konkreten Einsatzfall eines technologischen Systems der numerischen Wettervorhersage durch die eingesetzte Rechnerkonfiguration und ihre Grundsoftware die hard- und softwaremäßigen Voraussetzungen gegeben sind bzw. nur gering modifiziert werden können, entscheidet maßgeblich die zu schaffende Anwendersoftware über die Leistungsfähigkeit eines konkreten Bausteines im System der numerischen Wettervorhersage. Die Leistungsfähigkeit eines derartigen Programmpaketes ist z. T. stark abhängig von den Hardwaremöglichkeiten und den Leistungen der Grundsoftware, jedoch entscheidet die Qualität des jeweiligen EDV-Projektes und des auf dieser Basis erstellten Programmpaketes nicht unwesentlich über die „meteorologische" Qualität des jeweiligen Elementes im System der numerischen Wettervorhersage.

Im folgenden sollen der Aufbau und die Leistungen eines Programmpaketes für die numerische Kontrolle und Analyse meteorologischer Felder für ein Nationales Meteorologisches Zentrum dargelegt werden (s. STAHNKE-JUNGHEIM, 1981b). Dieses Programmpaket soll den operativen Anforderungen und denen der Forschung genügen.

Die Anforderungen der Forschung beziehen sich auf die Weiterentwicklung bestimmter Elemente bzw. die inhaltliche Erweiterung des Analysenschemas bei Beibehaltung der Grundkonzeption, z. B. des Analysenverfahrens und der Hauptglieder des Projektes. Aufbau und Leistungen werden durch die meteorologische Zielstellung für die konkrete Technologie der Erarbeitung numerischer Analyse- und Prognoseprodukte bestimmt. Dabei werden einerseits die vorgesehenen Leistungen durch den Aufbau des Projektes und des Programmpaketes ermöglicht, und andererseits fordert die Realisierung notwendiger Leistungen eine bestimmte Konstruktionsweise der Anwendersoftware. Flexibilität, Variabilität, Handhabbarkeit und Schnelligkeit sind Anforderungen grundsätzlicher Art an ein Programmpaket. Sie sind durch den Aufbau zu gewährleisten.

Unter der *Flexibilität* eines Programmpaketes wird die Erweiterungs- und Änderungsfreundlichkeit verstanden. Das Programmpaket muß flexibel sein gegenüber

- inhaltlichen Änderungen und Erweiterung (im Analysenschema und den Kontrollprozeduren),
- technologischen Änderungen und Erweiterungen (in der Einordnung und Verknüpfung im System der numerischen Wettervorhersage),
- Veränderungen der Hardware und Software, soweit dieses möglich und notwendig ist (z. B. Veränderung der Art und Größe externer Speicher, Ausnutzung neuer Leistungen der Basisoftware).

Diese Flexibilität wird durch eine modulare und hierarchische Konstruktion der Anwendersoftware mit einer konsequenten meteorologischen Programmstruktur und einer Trennung von inhaltlichen, organisatorischen und Service-Maßnahmen erreicht. Die technologischen Aspekte werden dabei nur in den organistorischen und Service-Maßnahmen berücksichtigt.

Das Programmpaket der numerischen Analyse läßt sich in folgende inhaltliche Blöcke unterteilen:

- den Organisationsblock, dazu gehören die Organisation des Ablaufs der Kontrollen und der Gitterpunktsinterpolation, die Bereitstellung aller Ausgangsdaten in der für die weitere Verarbeitung benötigten Form (Sortierung der Beobachtungsdaten und Aufbau notwendiger Adressenfelder, Bereitstellung klimatologischer und numerisch erzeugter Daten) und die Serviceleistungen (Information über die Ausgangsinformation und den Ablauf der inneren Technologie, Mitteilung der Kontrollergebnisse, Vorbereitung der Ergebnisdarstellung u. a.),
- den Suchalgorithmus für die Bereitstellung der um die zu kontrollierende Station bzw. um den Gitterpunkt liegenden Beobachtungen für die Durchführung der Kontrollen und der Gitterpunktsinterpolation,
- den Kontrollblock; dazu gehören die für die Berechnung der Analyse notwendigen Kontrollen der Ausgangsinformation,
- den Interpolationsblock; die Berechnung der Gitterpunktswerte — die eigentliche Analyse — erfolgt durch Auswahl und Kombination der Art und der Anzahl der zu verwendenden meteorologischen Beobachtungen,
- die Darstellung des Analyseergebnisses (Druck der Gitterpunktswerte, Isoliniendarstellung) mit Information über die bei der Analyse verwendeten Beobachtungsdaten.

Der modulare und hierarchische Aufbau des Programmpaketes geht „quer" durch die genannten inhaltlichen Blöcke, d. h. in den Blöcken sind eine Reihe gleicher Module enthalten, die durchaus in verschiedenen Ebenen des Programmpaketes eingesetzt sind. Die Häufigkeit der Anwendung eines Moduls in einem Programmpaket hängt vom Projektaufbau und von der Art des Moduls ab. Bei Modulen inhaltlicher (meteorologischer) Art ist die Häufigkeit naturgemäß größer als bei Modulen mit organisatorischem oder Servicecharakter. Die Vielseitigkeit der Anwendung eines Moduls nimmt mit höherem Rang in der Hierarchie ab.

Die angestrebte Flexibilität ist weiterhin vom Einsatz der Programmiersprachen abhängig. Höhere Programmiersprachen werden auf höheren Ebenen im Programmpaket eingesetzt. Für ein Programmpaket der numerischen Analyse ist es zweckmäßig, bis auf einige zentrale Routinen, die eventuell in maschinenorientierter Sprache zu schreiben sind, alle Programmteile in einer algorithmischen Sprache zu realisieren.

Die *Variabilität* eines Programmpaketes der numerischen Analyse bezieht sich auf

- den wissenschaftlichen Inhalt,
- die technologische Stellung,
- die organisatorischen Parameter für die Abarbeitung des Programmpaketes.

Dabei ist zu berücksichtigen, daß das Programmpaket für den Routinebetrieb, für die Untersuchung aufgetretener Analysenfehler und -defekte und für Forschungsaufgaben im Rahmen der realisierten Konzeption einzusetzen ist.

Die Variabilität im wissenschaftlichen Inhalt bezieht sich bei einem vorgegebenen Analyseverfahren auf

- die Wahl des meteorologischen Elementes (soweit die Elemente ein einheitliches Verfahren erlauben), z. B. Temperatur- und/oder Taupunkts- oder Taupunktsdifferenzanalyse,
- die Wahl des Analysegebietes, der horizontalen und vertikalen Auflösung (des Gitterpunktsabstandes und der Niveauflächen der Analyse),
- die Dimension der Interpolation, d. h. die Berechnung der für die Interpolation erforderlichen Gewichte nur einmal oder für die einzelnen zu analysierenden Flächen (zwei- oder dreidimensionale Analyse) oder perspektivisch für Raumpunkte (beteiligte Information aus der räumlichen Umgebung),
- die Wahl der Inputdaten (Art, Einzugsgebiet, Beobachtungstermin bzw. -intervall der meteorologischen Beobachtungsdaten),
- den Entscheid über Durchführung der einzelnen Kontrollen für die meteorologischen Elemente (z. B. keine horizontale Kontrolle der Winddaten),
- die Auswahl der Art der Daten, die an der Gitterpunktsinterpolation teilnehmen (z. B. mit oder ohne Winddaten, SATEM-Daten, Prognosedaten, bogus data), und die Festlegung der Anzahl der Daten für die Berechnung der Gitterpunktswerte in Abhängigkeit von anderen Kriterien (z. B. der Netzdichte),
- die Festlegung weiterer für den Ablauf der Kontrollen und der Analyse notwendiger meteorologischer Parameter (Anzahl und Art der beteiligten Information bei den Kontrollen, Beobachtungsfehler der meteorologischen Elemente für die Kontrolle und die Analyse, klimatologische Dispersionen, Korrelationsfunktionen für die statistische Interpolation bei den Kontrollen und der Analyse, Zahl der Iterationen bei iterativen Analyseverfahren und die während der Iteration veränderten Parameter, meteorologische Konstanten u. a.).

Die technologische Variabilität bedeutet, daß sich aus der Stellung in der Technologie und ihrem aktuellen Ablauf der Charakter der Analyse ergibt. Von einem Verständigungsbereich auf einem Speichermedium entnimmt das Programmpaket die notwendige Information zur Bestimmung der Parameter der Analyse unter Berücksichtigung der konkreten technologischen Situation. Das beinhaltet auch Havarievarianten und -maßnahmen in der gesamten Technologie oder in Technologieabschnitten (z. B. in der primären Datenbearbeitung oder im Analyse-Prognosekomplex).

Bei der Variabilität der organisatorischen Parameter für die Abarbeitung des Programmpaketes ist als erstes zwischen der Routineversion und der Nicht-Routinevariante zu unterscheiden. Bei der Routineversion sind alle Parameter (inhaltlicher, technologischer, organisatorischer Art) im Kopfprogramm festgelegt. Änderungen dieser routinemäßig verwendeten Parameter ist durch eine Änderung der Routine-Programmbibliothek möglich. Die Routineversion teilt ein notwendiges Minimum an Information über die Abarbeitung des Programmpaketes in Kurzprotokollen mit:

- Information über die Ausgangsdaten (Anzahl und Art der Meldungen einschließlich COR-Meldungen und Doppelgängern, Anzahl fehlender Elemente in den Meldungen, aufgetretene Besonderheiten, wie z. B. Druck nicht auf NN reduziert bei Synop-Meldungen oder Bezugsniveau nicht 1000 mbar bei SATEM-Meldungen),
- Information über die konkrete Variante der Kontrollen und der Analyse (z. B. hinsichtlich der Einbeziehung von Prognose-, SATEM- und Winddaten),
- Information über die durchgeführten Kontrollen (Zahl der richtigen Werte, Zahl der verworfenen Werte, Zahl der korrigierten Werte, Kurzmitteilung über verworfene Werte),
- Information über den inhaltlichen Ablauf der Berechnung der Analyse (z. B. die tatsächliche Verwendung von Winddaten bei der Berechnung der Gitterpunktswerte in Abhängigkeit von der konkreten Netzdichte),
- Information über die ordnungsgemäße Abspeicherung der Ergebnisse und die Berechnung der Ergebnisdarstellung.

Unter den Nicht-Routinevarianten sind alle Varianten für die Untersuchung von Analyseeffekten und -defekten und für die Forschungsaufgaben zu verstehen. In diesem Falle sind alle Parameter durch den Anwender selbst zu bestimmen und dem Programmpaket mitzuteilen. Die Variabilität der organisatorischen Parameter für den Ablauf des Programmpaketes bezieht sich auf die

- Festlegung der für die Arbeit des Programmpaketes erforderlichen Informationsbereiche (Inputbereich: Beobachtungsdaten, klimatologische Daten (Normalwerte, Dispersionen), berechnete Daten (Prognosedaten und ihre Fehler); Outputbereich: Analyseergebnis in verschiedenen Darstellungen, weitere Ergebnisse (z. B. Analysefehler); Verständigungsbereich für den technologischen Prozeß; Bibliotheksbereich),
- ausführliche Protokollierung (Druckerausgabe) der inhaltlichen Abläufe (Druck der gesamten Ausgangsdaten, Druck aller bzw. nur bestimmter an der Durchführung einer Kontrolle beteiligten Information für alle zu kontrollierenden bzw. für vorzugebende Stationen, Druck aller an der Berechnung eines Gitterpunktswertes beteiligten Information für vorzugebende Gitterpunkte),
- Darstellung der Ergebnisse als Druckausgabe (Listen, Tabellen oder gedruckte Isolinien mit oder ohne geographischen Untergrund) oder als Plotterdarstellung (gezeichnete Isolinien mit oder ohne Eintragungen der Beobachtungsdaten, mit Angaben über die Ausgangsinformation und die gerechnete Analysevariante, wichtige Ausgangsdaten und wichtige Kontrollergebnisse),
- Ausgabe und/oder Speicherung der Ergebnisse,
- Information über Sonderprozeduren (z. B. Filteroperationen, Korrektur der Drucktendenz bei fahrenden Schiffen, usw.).

Unter der *Handhabbarkeit* eines derartigen Programmpaketes werden die einfache Anwendbarkeit und die leichte Bedienbarkeit verstanden. Die einfache Anwendbarkeit für einen Nutzer (für wissenschaftliche Untersuchungen) bedeutet eine einfache Mitteilung der inhaltlichen, technologischen und organisatorischen Parameter an das Programmpaket (z. B. übersichtlicher Aufbau der Parameter- bzw. Datenkarten), eine für den Nutzer und den Operator einfache Darstellung der Ergebnisse (auch bei komplizierter Output) und eine einfache Benutzung des Programmservice.

Die leichte Bedienbarkeit für den Routineeinsatz bedeutet den vollautomatischen Ablauf des Programmpaketes, d. h. z. B. keine Maßnahmen zur Veränderung des Datums oder der vierteljährlich wechselnden Klimadaten, keine Operatoreingriffe, keine äußeren Havariemaßnahmen wie z. B. Veränderung des Jobs oder Starten von Havariejobs. Die Veränderung der Routineversion und die Wiederherstellbarkeit bei Defekten in der Bibliothek muß problemlos und in kurzer Zeit möglich sein.

Die leichte Handhabbarkeit ist bei Realisierung der Flexibilitäts- und Variabilitätsanforderungen und -eigenschaften gewährleistet. Eine aktuelle Anwender- und Bedienerdokumentation ist Voraussetzung für die Handhabung des Programmpaketes.

Die *Schnelligkeit* eines derartigen Programmpaketes hängt einmal von der Leistungsfähigkeit der eingesetzten Rechnerkonfiguration (Operationsgeschwindigkeit, Hauptspeichergröße, Zugriffszeit, Transferrate, Größe externer Speicher) ab. Neben diesen Parametern und dem Projektaufbau beeinflussen die Wahl der inhaltlichen Parameter und die Effektivität realisierter Algorithmen und Prozeduren die Schnelligkeit wesentlich.

Die Anforderungen an die Laufzeit des Programmpaketes ergeben sich aus den zeitlichen Anforderungen an die Endprodukte und aus der Stellung in der Technologie. Bei Laufzeitoptimierungen ist zu entscheiden, welche Algorithmen, Prozeduren, Größen, Parameter überhaupt für eine Optimierung in Frage kommen. Bei einem Programmpaket der numerischen Analyse auf einem für diese Aufgabe geeigneten Rechner sind fast ausschließlich die Wahl der inhaltlichen Parameter und die Leistungsfähigkeit bestimmter Algorithmen für die Größe der Laufzeit verantwortlich. Andere Einflußgrößen wie die Wahl der Programmiersprache (bei den heute leistungsfähigen Compilern), die Qualität der Programmierung (bei der Schnelligkeit der eingesetzten EDVA), die Organisation der Transfers und z. T. der Daten, die Art der Adressierung der Daten usw. haben nicht *die* ausschlaggebende Bedeutung für die Laufzeit.

Von entscheidender Bedeutung für die Laufzeit ist die Wahl der Parameter und der beteiligten Information bei der Gitterpunktsinterpolation und die Qualität des für das Auffinden der Daten verwendeten Suchalgorithmus. Der Zeitaufwand für andere Teile des Programmpaketes wie die Durchführung der Kontrollen, die Abarbeitung des Organisationsblocks und die Ergebnisdarstellung ist demgegenüber gering.

Bei der Gitterpunktsinterpolation ist ein Kompromiß zwischen dem Analysefehler (Interpolationsfehler) und der benötigten Rechenzeit zu schließen. Es geht darum, die Rechenzeit bei einem vertretbaren bzw. nicht relevanten Qualitätsverlust möglichst gering zu halten. Wichtige Einflußgrößen in dieser Relation sind:

— die horizontale und vertikale Auflösung.
  Die vertikale Auflösung — die zu analysierenden Niveauflächen — ist im allgemeinen vorgegeben. Die Wahl des (horizontalen) Gitterpunktsabstandes steht in engem Zusammenhang zur Analysequalität und zur Rechenzeit. Bei bestimmten Analysen ist eine Vergrößerung des Gitterpunktsabstandes wegen der rapiden Verschlechterung der Analysequalität nicht zulässig (z. B. Übergang bei der Drucktendenzanalyse und bei der Bodendruckanalyse von 150 km auf 300 km). Bei anderen Analysen wie z. B. der Geopotentialanalyse hat diese Vergrößerung keine derartige Verschlechterung der Qualität zur Folge. Es ist der Informationsgewinn bei der Wahl eines kleineren Gitterpunktsabstandes im Verhältnis zum Rechenzeitaufwand durchaus abzuwägen.
— die Zahl der an der Interpolation beteiligten Beobachtungsdaten.
  Hier ist ein Optimum zwischen der Glattheit und Strukturiertheit im Analysefeld zu finden. Für die Berechnung der Standardanalysen (Geopotential, Bodendruck, Temperatur, Taupunkt bzw. Taupunktsdifferenz, Drucktendenz) liegt die optimale Zahl der beeinflussenden Stationen heute nahezu fest.
— die Art und Anzahl der an der Interpolation beteiligten unterschiedlichen Informationsarten und verschiedenen meteorologischen Elemente.
  Bei der Geopotentialanalyse galt es z. B., die Einbeziehung der Windinformation des TEMP PART A zu optimieren, da die Verwendung der Winddaten die Dimension des für die Bestimmung der Gewichte erforderlichen Gleichungssystems verdreifacht und damit die Rechenzeit erheblich vergrößert. Dem wurde begegnet, indem die Winddaten der an der Interpolation beteiligten TEMP-Geopotentialwerte nur dort verwendet werden, wo ihre Korrelation zum Gitterpunkt eine bestimmte Größe überschreitet, oder — wie bei der Bodendruckanalyse die Winddaten prinzipiell nur in den Gebieten einbezogen werden, die für die Kurzfristprognose von Bedeutung sind. Auch in diesem Zusammenhang ist die Verwendung anderer Informationsarten wie z. B. der SATEM-Geopotentialdaten und des Prognosewertes im Gitterpunkt wichtig, da sich dadurch die Anzahl der sonst zu verwendenden (und entfernter liegenden) TEMP PART A-Daten (Geopotential und Wind) verringert und sich damit das Gleichungssystem reduziert.

Neben der inhaltlichen Optimierung der Parameter der Gitterpunktsinterpolation hat die Qualität des für das Auffinden der Daten verwendeten Suchalgorithmus entscheidenden Einfluß auf die Rechenzeit des Programmpaketes, da dieser Algorithmus bei der Berechnung jedes Gitterpunktes und auch bei der Durchführung jeder einzelnen Kontrolle benötigt wird.

Von Vollbrecht/Stahnke-Jungheim (1978, s. Abschnitt 4.1.) wurde ein Suchalgorithmus entwickelt,

der durch folgende Eigenschaften bisher übliche Prozeduren bedeutend an Schnelligkeit übertrifft:
- Absuchen von um den Gitterpunkt liegenden Zeilen- bzw. Spaltenabschnitten des Sortiergebietes (Quadratnetzgebietes) anstatt quadratweisem Suchen,
- Möglichkeit des Absuchens von Quadranten bezüglich des Gitterpunktes (zur Realisierung einer symmetrischen Bereitstellung der Information) anstatt der Rund-um-Suche,
- direkter Zugriff zu den gesuchten Daten durch eine besondere Form der Sortierung der Daten und der Organisation ihrer Adressierung.

In unserem Zentrum existieren zwei Programmpakete für die numerische Kontrolle und Analyse meteorologischer Felder. Ein Programmpaket dient zur Analyse der Bodenelemente und das andere zur Analyse in der freien Atmosphäre. Diese Trennung hat Vorteile hinsichtlich der Übersichtlichkeit und Handhabung und vereinfacht den Projektaufbau. Die Konstruktion der Programmpakete erfolgte nach den in diesem Abschnitt dargelegten Prinzipien. Eine Reihe von Modulen wird in beiden Paketen verwendet. Der routinemäßige Programmeinsatz auf der EDVA BESM-6 zeichnet sich durch Zuverlässigkeit und Stabilität aus.

9. Eine faktorenanalytische Wertung des bei der Gitterpunktsinterpolation verwendeten statistischen Systems

Das bei der Gitterpunktsinterpolation für die Geopotentialanalyse verwendete statistische System (s. Abschn. 6.1. und 6.2.1.) wird durch die Kovarianz- bzw. Korrelationsmatrix, angegeben in Tabelle 9, repräsentiert. Was ist von einer Faktorenanalyse dieser Korrelationsmatrix, d. h. einer faktorenanalytischen Interpretation der Gesamtheit der Korrelationen im verwendeten statistischen System zu erwarten?

Die Faktorenanalyse ist ein multivariates statistisches Verfahren, das z. B. erlaubt, Hintergründe bzw. Sachverhalte in schwer überschaubaren Korrelationsmatrizen aufzudecken, indem Faktoren aus einer Korrelationsmatrix extrahiert werden, die die Gesamtvarianz der in dem statistischen System enthaltenen Variablen zu einem bestimmten Anteil erklären. Dieses Verfahren wird überwiegend in den Biowissenschaften, woher es resultiert, und für psychologische und soziologische Fragestellung verwendet. Aber auch in der Meteorologie (Olberg, v. Schönermark, 1977) und anderen naturwissenschaftlichen Disziplinen fand es gelegentlich Anwendung. Auf die Erstmaligkeit der Nutzung der Faktorenanalyse für nichtklimatologische Aufgabenstellungen, in diesem Fall für die numerische Analyse, sei deshalb hingewiesen.

Im Rahmen dieser Arbeit soll auf die Faktorenanalyse selbst, ihre unterschiedlichen Verfahren sowie Vor- und Nachteile nicht eingegangen werden. Dazu sei auf die entsprechende Fachliteratur verwiesen (Überla 1971, Weber 1972, Claus, Ebner 1974, Jahn, Vahle 1970). Die Faktorenanalyse soll zur Interpretation des bei der numerischen Analyse verwendeten statistischen Systems eingesetzt werden (vergl. Stahnke-Jungheim, 1983), um durch ein von der Methode der optimalen Interpolation völlig unabhängiges Verfahren eine Wertung der Korrelationsmatrix als konkrete Realisierung des statistischen Systems vorzunehmen. Es soll festgestellt werden, ob und welche interpretierbaren Faktoren extrahiert werden und zu wieviel Prozent diese die Gesamtvarianz erklären, um erstens eine Aussage über die Güte des statistischen Modells und die darin enthaltenen statistischen Beziehungen zu machen und zweitens eine Einschätzung der bei der Interpolation verwendeten Information nach Art und Anzahl zu erhalten. Die Untersuchung wurde nach der „powered vector method" von Overall und Porterfield (1962) durchgeführt. Diese faktorenanalytische Methode führt direkt und ohne Rotation zu orthogonalen Faktoren, liefert wirksame Faktorenschätzungen und ist leicht programmierbar. Die Methode ist vom mathematischen Ansatz her der Zentroidmethode ähnlich. Die Ergebnisse der „powered vector method" sind der Hauptachsenmethode mit anschließender orthogonaler Rotation vergleichbar (vergl. Protze, Nguyen 1972). Auch auf eine genaue Beschreibung dieser Methode soll im Rahmen dieser Arbeit verzichtet werden.

Die Berechnung der Faktorenanalysen wurde iterativ durchgeführt. Als erste Schätzung der Kommunalitäten wurden die maximalen Korrelationswerte in jeder Zeile bzw. Spalte gewählt. Mit diesen Werten in der Hauptdiagonale wurden 1 bis n Faktoren extrahiert. Es wurde jeweils der m-te Faktor ermittelt, dessen Beitrag zur Gesamtvarianz mindestens 5% betrug. Mit den aus diesen m Faktoren geschätzten Kommunalitäten wurde dann die Faktorenanalyse wiederholt. Bei den durchgeführten Faktorenanalysen waren 2 bis 4 Iterationen erforderlich, bis die extrahierten Faktoren und deren Ladungen „stabil" waren, d. h. die absolute Differenz der Kommunalität der Faktoren der letzten und vorletzten Iteration geringer als 0,05 war.

Es wurden als erstes drei „klassische" Korrelationsmatrizen aus unserem System der Geopotentialanalyse interpretiert, eine Matrix, die nur TEMP-Geopotentialdaten repräsentiert, eine Matrix, die alle drei Arten des verwendeten Geopotentials widerspiegelt (TEMP-, SATEM-, Prognosedaten) und eine Matrix, deren statistische Beziehungen zusätzlich die Windinformation enthalten. Als zweites wurde für eine ausgewählte Wetterlage für eine Folge von 20 Gitterpunkten quer über das zu analysierende Gebiet für jeden dieser Gitterpunkte die konkret bei der Interpolation verwendete Korrelationsmatrix interpretiert.

Folgende zwei wichtige Ergebnisse sind zu nennen.

Erstens: Es wurden in jedem Fall eindeutige und übereinstimmende Faktoren extrahiert. Das ist aus der Sicht der Faktorenanalyse bemerkenswert. Als erster

Faktor wurde stets das Geopotentialfeld bestimmt, d. h., alle Geopotentialvariablen (TEMP-, SATEM-Prognosedaten) wurden immer in *einem* Faktor zusammengefaßt. Als weitere Faktoren wurden die Windkomponenten extrahiert, entweder in der Form, daß jede Windkomponente der beteiligten Winddaten *einen* Faktor darstellt, oder es wurden mehrere bzw. alle Komponeten eines Typs (*u*- oder *v*-Komponente) in einem Faktor vereinigt. Die Gesamtheit der extrahierten Faktoren (Geopotentialfaktor und Windkomponentenfaktoren, jeweils sehr hohe Ladungen der Variablen) erklärte die Gesamtvarianz der Variablen, die in der Korrelationsmatrix enthalten sind, in der überwiegenden Zahl der Fälle zu nahezu 100%, d. h., es gab nur wenige Fälle, wo eine Restvarianz bestand, die nur schwer interpretierbar war. Dieses Ergebnis bedeutet anders ausgedrückt, daß das vorliegende Korrelationssystem durch die bei der Interpolation verwendeten Elemente fast immer vollständig erklärt wird, d. h., die Modellierung der Korrelationen zwischen den beteiligten Informationsarten wird sehr gut durch die bei der Interpolation genutzten Variablen erfaßt. Die Fälle, wo eine gewisse Restvarianz verblieb (etwa 5%, in wenigen Fällen bis zu 10%) sind gerade Fälle, wo die Korrelationsmatrix durch die bei der Interpolation verwendeten Variablen (Geopotentialdaten, Windkomponenten) nicht widergespiegelt wird, d. h., es bleibt eine Restvarianz, die nicht durch den Interpolationsansatz erfaßt wird; oder anders ausgedrückt: die Modellierung der statistischen Beziehungen, ausgehend von den bei der Interpolation verwendeten Variablen, führt zu einem Korrelationssystem, das durch die Variablen selbst nicht vollständig erklärt wird — das statistische Modell ist in diesen Fällen unzulänglich.

Zweitens: Die Anteile der einzelnen Faktoren bzw. der Variablen in den Faktoren (der Ladungen) an der Gesamtvarianz bei unserem Geopotential- und Winddaten enthaltenden statistischen System (acht Geopotentialwerte und drei bis acht Winddaten bei normaler Netzdichte) sind im allgemeinen für eine Ladung im Geopotentialfaktor (repräsentiert einen Geopotentialwert) etwa gleich einem Faktor der Windkomponenten (wenn dieser nur eine der beteiligten Komponenten enthält) bzw. gleich jeder der hohen Ladungen in den Faktoren der Windkomponenten (wenn mehrere Komponenten in einen Faktor vereinigt sind), d. h., die Faktorenanalyse interpretiert unser statistisches System dieser Daten so, daß sie das Gewicht einer Windkomponente etwa gleich dem eines Geopotentialwertes (jeweils etwa 4—8% der Varianz) setzt. Das unterstreicht einmal die Bedeutung der Winddaten in der freien Atmosphäre, läßt jedoch nur bedingt eine Aussage für das Interpolationsergebnis zu, da neben den Faktoren mit ihren Faktorenladungen, die sich aus der Korrelationsmatrix ergeben, auch noch die Faktorenwerte zu berücksichtigen sind, in deren Berechnung neben dem Ladungsmuster auch die Ausgangsdaten, die bei der Interpolation verwendeten Geopotential- und Winddaten, eingehen. Die Faktorenwerte sind Merkmalsparameter für den Gegenstand der Untersuchung, in unserem Fall sind die Werte der Faktoren Kennzeichen für die konkrete meteorologische Situation. Da bei unserer Untersuchung einheitliche Faktoren extrahiert wurden, erlauben die Faktorenwerte des Geopotentialfaktors und der Windkomponentenfaktoren, den Einfluß der Geopotential- und Winddaten bei der Berechnung der Gitterpunktswerte einzuschätzen. Es zeigte sich, daß über dem Atlantik bei Vorliegen von SATEM-Daten (es werden dann drei TEMPs mit Geopotential- und Winddaten und fünf SATEM-Geopotentialwerte verwendet) die Werte der Windfaktoren geringer sind als in den Gebieten, wo acht TEMPs (Geopotential und Wind) und keine SATEM-Daten genutzt werden. Das ist ein erwarteter Zusammenhang, der die Notwendigkeit unterstreicht, den Windeinfluß über dem Atlantik zu vergrößern. Als weitere Begründung kann angeführt werden, daß die Hinzunahme eines weiteren Geopotentialwertes keine merkliche Veränderung des Faktorenwertes des Geopotentialfaktors ergab, während die Hinzunahme eines (fiktiven) Windwertes zu einer merklichen Erhöhung des Wertes des Windfaktors führte, d. h., der Geopotentialfaktor ist offenbar durch die verwendete Anzahl von acht Daten ausreichend bestimmt, während die Windkomponentenfaktoren durch die Hinzufügung weiterer Windinformation noch besser bestimmt werden können. Ausgehend von dieser Einschätzung, sollte untersucht werden, ob die Hinzunahme weiterer, wenn auch entfernter gelegener Winddaten zu einer Verbesserung der Analyse im Atlantik führt. Des weiteren unterstreicht dieses Ergebnis die mögliche Nutzung fiktiver Winddaten bzw. der SATOB-Daten in einem dreidimensionalen Analyseschema, das die Windmessungen der Satelliten auf den jeweiligen Niveaus verwertet.

Zusammenfassend kann festgestellt werden, daß die Faktorenanalyse durchaus eine Methode zur Bewertung des bei der numerischen Analyse zugrunde gelegten statistischen Modells ist und sich auch für die weitere Präzisierung der bei der Interpolation verwendeten Information nach Art und Anzahl geeignet erweist. Es ist nicht auszuschließen, daß sich auf der Basis der Faktorenanalyse anhand von Faktorensätzen eine Wetterlagenklassifikation aufbauen ließe.

10. Zusammenfassende Darstellung der Ergebnisse

Die Qualität einer numerischen, wie auch einer subjektiven Analyse für die Wettervorhersage ist in erster Linie abhängig von der Qualität und Quantität der Ausgangsinformation. Während die Qualität der Daten durch das jeweilige meteorologische Zentrum nur eingeschränkt beeinflußt werden kann, wird die Quantität der zu einem bestimmten Zeitpunkt vorliegenden Daten durch die im Zentrum existierende Nachrichtentechnik wesentlich bestimmt. Nur leistungsfähige Nachrichtenrechner sichern eine stabile und schnelle

Datenzufuhr. Als zweite wichtige Komponente wird die Qualität der numerischen Analyse durch den Grad der Verwertung der Information in der primären Datenbearbeitung und in der numerischen Analyse selbst bestimmt. Gegenstand dieser Arbeit war gerade, durch leistungsfähige Kontrollen, durch Optimierung und Weiterentwicklung des Analyseschemas auf der Basis des eingesetzten Interpolationsansatzes sowie durch ein schnelles und stabiles Programmpaket eine möglichst vollständige Nutzung und Ausnutzung der Ausgangsinformation zu gewährleisten. Die wesentlichen Leistungen bezüglich der numerischen Analyse bestehen

— in der Entwicklung eines optimalen Kombinationsansatzes für die Interpolation, der neben konventionellem Material auch die Verwertung neuartiger Information erlaubt (Kluge, 1982),
— in der Entwicklung eines Kontrollsystems, das die Zahl ungerechtfertigt verworfener Daten (besonders die extremen und/oder isolierten Daten) erheblich reduziert,
— in der Weiterentwicklung zu einem iterativen Analyseverfahren,
— in der Entwicklung eines operativen praxisorientierten Programmpaketes und dessen ständiger Weiterentwicklung.

Hinsichtlich der horizontalen Kontrolle des Massenfeldes in unserem technologischen System, das bezüglich der Datenprüfungen durch eine primäre Datenbearbeitung mit der hydrostatischen Kontrolle und durch horizontale Kontrollen in den numerischen Analysen gekennzeichnet ist, wurde durch die *iterative* Kontrolle für die Bodendruckdaten und für die SATEM-Geopotentialdaten eine *neue* Qualität erreicht. Diese Prozedur sichert das Nichtverwerfen isolierter und/oder extremer (richtiger) Bodendruckdaten und verbessert die Kontrolle der SATEM-Daten prinzipiell.

Die Verbindung folgender Algorithmen und Maßnahmen mit der iterativen Kontrollprozedur bewirkte eine weitere Verbesserung der Kontrolle:

— Realisierung einer 3-Stufen-Kontrolle für Geopotentialdaten; als erstes eine Kontrolle der TEMP-Daten anhand von TEMP-Daten, als zweites mit TEMP-Daten eine strenge Prüfung der i. allg. qualitativ schlechteren SATEM-Daten (Verminderung der erlaubten Toleranz gegenüber der bei der Prüfung der TEMP-Daten auf 30%), und als drittes eine nochmalige Prüfung der verworfenen SATEM-Daten mit TEMP- und SATEM-Daten bei einer Vergrößerung der Toleranz um 40% gegenüber der bei der 2. Stufe zur Verminderung der Anzahl verworfener SATEM-Daten,
— Vergrößerung der erlaubten Toleranz für in Zyklonen gelegene Werte um 20% für Geopotentialdaten und um 30% für Bodendruckdaten zur Vermeidung ungerechtfertigten Verwerfens,
— Vergrößerung der Toleranz in Gebieten geringer Netzdichte bei der Geopotentialanalyse um 30% gegenüber der Toleranz bei normaler bzw. hoher Netzdichte zur Vermeidung ungerechtfertigten Verwerfens,
— Verringerung der Toleranz um 20% bei der Kontrolle von Handelsschiffen gemeldeten Bodendruckdaten zwecks einer schärferen Prüfung dieser im Vergleich zu Meldungen der Wetterschiffe und Landstationen fehlerbehafteteren Daten,
— Durchführung eines Vergleichs des Gradienten aus dem beobachteten Druckwert zu einem gemittelten Wert in seiner Umgebung mit der beobachteten Windgeschwindigkeit bei der Kontrolle der Bodendruckdaten zur Eliminierung des Nebeneffektes bei der iterativen Kontrolle, daß bereits verworfene Daten wieder „richtig“ werden,
— Nutzung der Nebentermindaten der Wetterschiffe für die Kontrolle der Bodendruckbeobachtung des Haupttermins der Wetterschiffe zur Vermeidung des Verwerfens der Wetterschiffsbeobachtung durch zufällig in der Nähe gelegene falsche Daten von Handelsschiffen,
— Vergrößerung der erlaubten Toleranz bei der Kontrolle der Drucktendenzdaten für extreme und nicht isolierte Werte um 100% bzw. nur Durchführung eines einfachen Vergleichs des gemeldeten und interpolierten Wertes anstelle der Prüfung mit einer Toleranz für besonders extreme Werte,
— keine Kontrolle der Drucktendenzdaten der Wetterschiffe um ein Verwerfen dieser im allgemeinen isoliert gelegenen Werte zu vermeiden,
— Auswertung der von der primären Datenbearbeitung übergebenen Unzuverlässigkeitskennungen bzgl. Datum und Termin, des Kontrollergebnisses der hydrostatischen Kontrolle bzw. der schon vorliegenden Prüfergebnisse der horizontalen Kontrolle für die umliegenden Stationen.

Durch das iterative Kontrollverfahren mit seinen Zusatzprozeduren einschließlich des „Austrimmens“ des gesamten Algorithmus während des operativen Einsatzes wurde für die Bodendruck- und Geopotentialdaten eine sehr gute Kontrollqualität erreicht, die der einer komplexen Kontrolle nahekommt.

Die noch verbliebenen Kontrollprobleme bestehen in der Kontrolle isolierter und extremer Drucktendenzwerte, der Kontrolle benachbarter fehlerhafter Daten bei allen Elementen, in Einzelfällen in der Kontrolle isolierter und/oder extremer Werte des Bodendruckes und des Geopotentials und in selten auftretenden Zufallskonstellationen der an der Kontrolle beteiligten Größen, die zu einem falschen Prüfergebnis führen.

Der Weg zur Lösung dieser Probleme besteht in erster Linie in der Einbeziehung des Menschen in Form einer Mensch—Maschine—Wechselwirkung, da die überwiegende Anzahl der Fälle, wo der Algorithmus versagt, für den Synoptiker einfache Kontrollsituationen darstellen. Eine graduelle Verbesserung der numerischen Kontrolle ist von der Nutzung fiktiver Daten, von Prognosedaten in Form einer separaten Prüfung und durch die Einführung der iterativen Kontrolle für Drucktendenzdaten zu erwarten.

Hinsichtlich der horizontalen Kontrolle der Winddaten wurde durch die geostrophische Prüfung der Winddaten am Massenfeld ein Verfahren eingeführt, das der Nutzung der Winddaten als Zusatzinformation bei der Interpolation entspricht. Es wurden mehrere

Varianten der geostrophischen Prüfung der Winddaten in dem iterativen Analyseschema für den Bodendruck und eine Kontrolle der Winddaten mit Hilfe der Gradientwindbeziehung für die Windinformation am Boden und in der freien Atmosphäre durchgeführt. Es kann festgestellt werden:

— die Bestimmung der Gradienten direkt (ohne Interpolation) aus einer ersten Analyse führt für die Kontrolle der Bodenwinddaten zu einem besseren Ergebnis als unter Verwendung der optimalen Interpolation und zu einer ausreichend guten Qualität der Kontrolle,
— für die Kontrolle der Winddaten in der freien Atmosphäre wird durch die geostrophische Prüfung mittels optimaler Interpolation aus den Daten des Massenfeldes eine gute Qualität erreicht,
— die Nutzung der Gradientwindbeziehung ergab für Bodenwindgeschwindigkeiten über 18 m/s (etwa 10% der Daten) eine bessere Schätzung als durch den geostrophischen Wind, für die freie Atmosphäre wurde eine schlechtere Schätzung nachgewiesen,
— die Berücksichtigung einer Beziehung zwischen beobachteter und geostrophischer Windrichtung und -geschwindigkeit führt zu einer graduellen Verbesserung bei der Kontrolle der Bodenwinddaten.

Für die Nutzung der Bodenwinddaten bei der Gitterpunktsinterpolation über See ist aufgrund des Charakters dieser Daten keine Verbesserung der Kontrolle erforderlich. Für die Geopotentialanalyse ist die bessere Prüfung der Winddaten der Wetterschiffe und der Windgeschwindigkeit im 300-mbar-Niveau das einzige Problem. Durch eine vertikale Kontrolle unter Ausnutzung der vertikalen Korrelation wäre eine Verbesserung gerade für Daten isoliert gelegener Stationen, wie im allgemeinen die Wetterschiffe, möglich. Doch auch dann bleibt ein „Rest" ungelöster Kontrollprobleme, die nur durch eine Mensch—Maschine—Kombination geklärt werden können, deshalb ist wie auch bei der Kontrolle des Massenfeldes der Einsatz eines derartigen interaktiven Systems von erstrangiger Bedeutung.

Um in unserem nur einen Gewichtesatz für die Interpolation auf allen Niveaus verwendenden System keine Information zu verschenken, werden nach der Kontrolle die verworfenen bzw. fehlenden Daten durch die bei der Kontrolle errechneten Werte nach einem bestimmten Algorithmus ersetzt. Dadurch wird erreicht, daß bei der Geopotentialanalyse nur vollständige Aufstiege (bzgl. Geopotential und Wind) an der Interpolation teilnehmen bzw. bei der Bodendruckanalyse immer beide Windwerte.

Hinsichtlich der Gitterpunktsinterpolation wurde der von KLUGE (1982) entwickelte Interpolationsansatz bezüglich der Nutzung der einzelnen Informationsarten erprobt und optimiert sowie durch die Weiterentwicklung und Einführung des iterativen Analyseverfahrens eine wesentliche Verbesserung der Analysequalität erreicht.

Für die Bodendruckanalyse, ohne das iterative Verfahren, ergab die Verwendung der Windinformation eine Verbesserung der Analyse, die sich in der Senkung des r m s e (root mean square error) im Vergleich zu einer sorgfältigen subjektiven Analyse um 10% ausdrückt. Jedoch befriedigte die Erfassung der Tiefzentren und kleinräumiger Gebilde nicht. Durch die Methode der Iteration des Grundfeldes bei *einer* Iteration (ohne Nutzung von Winddaten) wurde eine wesentliche Verbesserung der Analysequalität erreicht. Über See und über Land wurde der r m s e um 10% gesenkt, in Zentren von Tiefdruckgebieten über See sogar um 23%. Das zeigt die starke Glättung durch das Interpolationsverfahren in diesen Gebieten und die beachtliche Verminderung dieser Glättung durch das iterative Verfahren (um etwa 5 bis zu 10 mbar). Zur besseren Erfassung kleinräumiger meteorologischer Gebilde und zu einer weiteren Verbesserung der Analyse in Tiefzentren wurde eine Kombination der Interpolationsgewichte aus einem nur Druckdaten und aus einem Druck- und Winddaten enthaltenden System vorgenommen. Diese Kombination führt fallweise, d. h. in Abhängigkeit von der meteorologischen Situation und der konkreten Datenverteilung, zu einer relevanten Verbesserung der Analyse bezüglich der Feinstruktur (z. B. ein Tief wird überhaupt erst erfaßt) und z. T. der Tiefzentren (Vertiefung von 5 mbar bzw. in Gebieten sehr geringer Informationsdichte fallweise bis zu 10 mbar).

Für die Geopotentialanalyse ergab die Nutzung der SATEM-Daten zusätzlich zu den TEMP-Geopotentialdaten mehr Feinstruktur bei der Analyse über See und fallweise eine beträchtliche Verbesserung der Analyse, nämlich dann, wenn durch SATEM-Daten Zyklonen überhaupt erst erfaßt oder hinsichtlich ihres Kernniveaus beträchtlich verbessert werden. Die Nutzung der Winddaten der TEMPs führte in erster Linie zu einer besseren Erfassung der Kerne der Zyklonen von 4 gpdam im 500-mbar-Niveau bis 8 gpdam in 300 mbar. Die Anwendung des iterativen Verfahrens brachte auch hier eine deutliche Verbesserung der Analysequalität durch eine weitere meteorologisch richtige Vertiefung der Kernniveaus der Zyklonen von 4—6 gpdam über See und eine stärkere, wenn auch noch nicht befriedigende Gradientbildung in Zyklonen. Ein erfolgsversprechendes Vorgehen zur Lösung dieses Problems wie auch zur Erzielung einer stärkeren Bündelung der Isohypsen im Strahlstrombereich scheint die Schätzung der bei der Interpolation verwendeten Gradienten mittels der Gradientwindbeziehung anstelle der geostrophischen Beziehung zu sein.

Eine weitere relevante Verbesserung der Analysequalität läßt sich nur durch Ausdehnung der Interpolation auf die räumliche und zeitliche Dimension erreichen, d. h. einerseits eine Bestimmung der Interpolationsgewichte für jede Niveaufläche anstelle eines Gewichtesatzes für alle Flächen und Berechnung der Analyse unter Nutzung aller auf diesen Flächen bzw. nahe diesen Flächen gelegenen Informationen und andererseits Übergang zu einem kürzeren als 12stündigen Analyse-Prognosezyklus.

Eine Wertung des bei der Interpolation verwendeten statistischen Systems durch die Faktorenanalyse zeigte, daß die bei der Interpolation verwendeten Variablen das zur Bestimmung der Gewichte verwendete Korrelationssystem nahezu vollständig erklären und daß über

See die Hinzuführung von Winddaten eine Verbesserung der Analyse verspricht.

Für ein schnelles und stabiles Programmpaket war es notwendig, neue Algorithmen für die Sortierung und Bereitstellung (Suche) der Information zu entwikkeln sowie den Projektaufbau und die Programmierung nach solchen Prinzipien und Schnittstellen zu realisieren, die im Ergebnis gerade zu einem schnellen, stabilen, praxisorientierten und komfortablen Programmpaket führen.

Die Sortier- und Suchalgorithmen sind einmal Voraussetzung für ein schnelles EDV-Programm und zum anderen Grundvoraussetzung für jedes numerische System der Kontrolle und Analyse. Es wurden schnelle, gegenüber dem Datenangebot variable und für die Interpolation bei der Kontrolle und Analyse optimale Sortier- und Suchalgorithmen mit folgenden Eigenschaften realisiert:

— Verwendung aller im Zentrum eingegangenen Daten der entsprechenden Meldungstypen, d. h. keine Reduzierung des Datenangebotes aus irgendwelchen Gründen inhaltlicher oder organisatorischer Art,
— Vermeidung von Extrapolationen bei der Kontrolle und Analyse durch eine „teleskopartige" Anordnung der drei für jedes System der Kontrolle und Analyse benötigten Gebiete, d. h., das Grundfeldgebiet umgibt das Sortiergebiet (Datengebiet) und dieses wieder das Analysegebiet mit einem gewissen Rand,
— Vermeidung von Extrapolationen durch eine symmetrische Anordnung der bei den Interpolationen für die Kontrolle und Analyse bereitzustellenden umliegenden Daten durch Symmetriesierungsprozeduren bereits während der Suche (Geopotentialanalyse) bzw. nach der Suche (Bodendruckanalyse),
— wesentliche Beschleunigung durch Absuchen von Zeilen- und Spaltenabschnitten des Sortiergebietes anstatt quadratweisem Suchen und der Möglichkeit des quadrantweisen Suchens bei der Geopotentialanalyse, d. h. Realisierung eines Algorithmus in Abhängigkeit von der Netzdichte.

Das Grundprinzip des Projektierungsaufbaus und des Softwarepaketes besteht in einer modularen und hierarchischen Konstruktion mit einer konsequenten meteorologischen Programmstruktur und einer Trennung von inhaltlichen, organisatorischen und Service-Maßnahmen. Durch Realisierung dieses Grundprinzips und optimale Schnittstellenbestimmungen wurde ein flexibles und variables Programmpaket erstellt, das sich durch folgende Eigenschaften auszeichnet:

— flexibel gegenüber inhaltlichen und technologischen Änderungen und Erweiterungen,
— variabel gegenüber dem wissenschaftlichen Inhalt (Auflösung und Größe des Analysegebietes, Dimension der Interpolation, Art der Inputdaten, Beteiligung der Daten nach Art und Anzahl bei der Kontrolle und der Analyse, u. a. meteorologische Parameter),
— variabel gegenüber der technologischen Stellung im System der numerischen Wettervorhersage,
— variabel hinsichtlich der organisatorischen Parameter für die Abarbeitung des Programmpaketes.

Durch diesen Aufbau des EDV-Projektes und des Programmpaketes sowie durch die Variabilität des erweiterten optimalen Interpolationsansatzes ist das Analyseschema offen für Weiterentwicklungen, die sich in erster Linie aus der wachsenden Heterogenisierung der Beobachtungssysteme besonders durch die Zunahme der Ein-Niveauinformation, durch die Nutzung bereits verarbeiteter Information aus den RMZ/WMZ (vor allem Gridinformation) und durch den Übergang zu einer zeitlich quasikontinuierlichen Berechnung der Analyse ergeben.

Abschließend läßt sich feststellen, daß auf der Grundlage des entwickelten Interpolationsansatzes, der entwickelten und verbesserten Kontrollen, der Weiterentwicklung des Analyseverfahren zu einem iterativen und des entwickelten EDV-Projektes ein leistungsfähiges Analyseprogrammpaket entstanden ist, das sich durch jahrelangen operativen stabilen Einsatz im Nationalen Meteorologischen Zentrum der DDR auszeichnet und dazu beigetragen hat, daß die Anfang der siebziger Jahre im Meteorologischen Dienst der DDR begonnene Arbeit zum Aufbau eines Systems der numerischen Wettervorhersage heute international anerkannt ist.

Abschließend möchte ich mich bei den Herren Prof. Dr. habil. Bernhardt, Akademiemitglied Prof. Dr. habil Böhme und Dr. sc. Herzog für ihr entgegengebrachtes großes Interesse, für viele wertvolle Hinweise und die damit verbundene Mühe bedanken. Der im Meteorologischen Dienst der DDR in den letzten Jahren auf dem Gebiet der numerischen Analyse erreichte Fortschritt, insbesondere die Schaffung und Überführung operativ einsetzbarer Verfahren, war nur möglich durch das arbeitsteilige Zusammenwirken eines größeren Kollektivs. Es ist mir deshalb ein besonderes Bedürfnis, denen zu danken, welche in gemeinsamer Arbeit, Abstimmung und Abgrenzung, wie eingangs in der Zielstellung dargelegt, auch zum Gelingen dieser Arbeit beigetragen haben, nämlich den Herren Dr. sc. Kluge, Dipl.-Math. Vollbrecht und Dipl.-Met. Lambacher. Dem Leiter der Zentralen Wetterdienststelle, Herrn Dr. Kaspar, danke ich für die gewährte Unterstützung bei der technischen Fertigstellung der Arbeit.

11. Zusammenfassung

In der Arbeit werden die Grundprobleme des Aufbaus eines operativen numerischen Systems dargelegt und für die Bedürfnisse eines Nationalen Meteorologischen Zentrums gelöst. Es wird ein System von Einzelkontrollen, mit ihrem Kernstück, der iterativen Kontrolle, für die Kontrolle des Massenfeldes (Geopotential, Bodendruck, Temperatur), des Windfeldes in der freien Atmosphäre und am Boden sowie der dreistündigen

Drucktendenz dargestellt. Es wird ausgeführt, wie basierend auf einem erweiterten optimalen Interpolationsansatz, die einzelnen Informationsarten schrittweise in einem iterativen Analyseverfahren verarbeitet werden. Dabei wird besonderes Augenmerk auf die Nutzung der Winddaten zur Verbesserung der Analyse des Massenfeldes gelegt. Beschreibungen des für die operative Arbeit entwickelten und eingesetzten EDV-Projektes und des Programmpaketes, der Sortier- und Suchalgorithmen, Möglichkeiten der Mensch—Maschine—Wechselwirkung und eine Wertung des eingesetzten statistischen Systems mit der Faktorenanalyse ergänzen die Arbeit.

Summary

The basic problems encountered in organising an operational numerical system designed to check and analyse meteorological fields for numerical weather prediction are described and solved to meet the requirements of a National Meteorological Centre. The checking system includes a number of individual steps — with the iterative checks as the main component — covering the mass field (geopotential, surface pressure, temperature), the wind field in the free atmosphere and at the surface, and the three-hourly pressure tendencies. With reference to an extended optimum approach for interpolation, the author shows how the various types of information are in a step-by-step manner processed on the basis of an iterative analysis procedure. Special attention is drawn to the use of wind data to help improve the mass field analysis. The paper further includes the description of the electronic data processing project and of the programme package as had been developed and used in routine operations, further descriptions covering the sorting and retrieval algorithms, the applications of the man-machine interrelationship and an assessment of the statistical system with its factorial analysis.

Резюме

В данной работе излагаются и решаются для потребностей данного национального метеорологического центра основные проблемы построения оперативной численной системы контроля и анализа метеорологических полей для численного прогноза погоды. Представляется система единичных контролей с их ядром, т. е. итерационным контролем, для контроля поля масс (геопотенциала, приземного атмосферного давления, температуры), поля ветра в свободной атмосфере и в приземном слое, а также трехчасовой тенденции атмосферного давления. Показывается, как на основе расширенного интерполяционного подхода отдельные виды информации в шагах обрабатываются итерационным методом анализа. При этом особое внимание уделяется использованию данных о ветре с целью улучшения анализа поля масс. Описания разработанного для оперативной работы и используемого проекта электронной обработки данных и программного пакета, сортировочного и поискового алгеритмов, возможностей взаимосвязи человека и машины и оценка используемой статистической системы с анализом факторов дополняют данную работу.

12. Literaturverzeichnis

Ahrens, W., Meyer, A., Persönliche Mitteilung, 1979.

Artanova, A. K., Sistema poiska dannych v operativnoj scheme ob-ektivnogo analiza meteorologičeskich polej, Trudy GMC 160 (1975) 92—103.

Bagrov, A. N., Ob odnom sposobe vospolnenija dannych o geopotenciale nad akvatorijami okeana v nišnej troposfere. Meteor. i Gidrol. **2** (1978), 30—36.

Bagrov, A. N., Belousov, S. L., Artanova, A. K., Tarnopol'skij, A. G., Operativnaja schema ob-ektivnogo analiza prizemnych meteorologičeskich polej na severnom polušarii dlja prjamougol'noj setki s peremennym šagom. Trudy GMC 123 (1974) 37—47.

Bagrov, A. N., Belousov, S. L., Tarnopol'skij, A. G., Schema ob-ektivnogo analiza polej davlenija, baričeskoj tendencii, temperatury i točki rosy po dannym seti sinoptič eskich stancij. Trudy GMC 91 (1972) 58—75.

Belousov, S. L., Artanova, A. K., Ob obnaruzenii i isključenii nedostovernych dannych pri ob-ektivnom analize polej geopotenciala nad severnym polyšariem. Trudy GMC 180 (1975) 68—92.

Belousov, S. L., Gandin, L. S., Maškovič, S. A., Obrabotka operativnoj meteorologičeskoj informacii s pomošč'ju elektronnych vyčislitel'nych mašin. Leningrad 1966.

Belousov, S. L., Striževskij, L. N., Sposob učeta melkomasštabnych sostavljajuščich pri ob-ektivnom analize polej baričeskoj tendencii i prizemnogo davlenija. Meteor. i Gidrol. **5** (1969), 13—20.

Belov, P. N., Praktičeskie metody čislennogo prognoza pogody. Leningrad 1967.

Bjerknes, V., Das Problem der Wettervorhersage, betrachtet vom Standpunkt der Mechanik und der Physik. Meteor. Z. **21** (1904), 1—7.

Bengtsson, L., 4-dimensional assimilation of meteorological observations. GARP Public. Ser. 15 (1975).

Bergman, K. H., Multivariate analysis of temperatures and winds using optimum interpolation. Month. Weath. Rev. **107** (1979), 1423—1444.

Bergthorsson, P., Döös, B. R., Numerical weather-map analysis. Tellus **7** (1955), 329—340.

Bernhardt, K., Theoretische Betrachtungen zur ageostrophischen Windabweichung im Strahlstrombereich. Z. Meteor. **22** (1971), 92—96.

Četverikov, I. A., Schema ob-ektivnogo analiza kart baričeskoj topografii metodom optimal'noj interpoljacii. Trudy CIP 102 (1962) 3—12.

CHARLES, B. N., Empirical models of interlevel correlation of winds. J. Meteor. **16** (1959), 581—585.

CLAUS, G., EBNER, H., Grundlagen der Statistik für Psychologen, Pädagogen und Soziologen. Berlin 1974.

CRESSMAN, G. P., An operational objective analysis system, Month. Weath. Rev. 87 (1959), 367—374.

CZELNAI, R. GANDIN, L. S., ZACHARIEV, W. I., Statistische Struktur meteorologischer Felder. Budapest 1976.

DAMRATH, U., ENKE, W., MEYER, A., Entwicklung eines operativen quasigeostrophischen Regionalmodells — Teil III. Z. Meteor. **29** (1979), 65—72.

DRUYAN, L. M., Objektive analysis of sea-level winds and pressure derived from simulated observations of a satellite radar-radiometer and actual coventional data. J. Appl. Meteor. **11** (1972), 413—428.

ECKNER, H. H., Weiterentwicklung der synoptischen Arbeitsweise. Studie, Meteorologischer Dienst der DDR, 1981, unveröff.

ENDLICH, R. M., Computation and uses of gradient winds. Month. Weath. Rev. **89** (1971), 187—191.

ENDLICH, R. M., MCLEAN, G. S., Geostrophic and gradient departures in jet streams. J. Meteor. **17** (1960), 135—147.

ENKE, W., MEYER, A., Entwicklung eines operativen gefilterten Regionalmodells und seine technologische Überführung in die Praxis. Dissertation A, Humboldt-Universität Berlin, 1981.

GANDIN, L. S., Ob-ektivnyj analiz meteorologičeskich polej. Leningrad 1963.

GANDIN, L. S., Četyrechmernyj analiz meteorologičeskich polej. Leningrad 1976.

GANDIN, L. S., SMIRNOVA, L. N., Ob'avtomatičeskom kontrole operativnoj meteorologičeskoj informacii. Trudy GGO 308 (1973) 60—73.

GANDIN, L. S., TARAKANOVA, V. P., O vertikal'noj statističestnoj strukture otnositel'nogo geopotenciala izobaričeskich poverchnostej. Trudy GGO 431 (1980a) 3—11.

GANDIN, L. S., TARAKANOVA, V. P., O vertikal'nom statističeskom kontrole dannych kosvennogo temperaturogo zendirovanija s meteorologičeskich sputnikov. Trudy GGO 431 (1980b) 12—22.

GANDIN, L. S., TARASJUK, V. V., O kompleksnom kontrole aerologičeskoj informacii. Meteor. i Gidrol. **5** (1971), 3—9.

GERICKE, M., Einige Erfahrungen des operativen Einsatzes eines Programmkomplexes zur Extraktion ausgewählter Teile aus dem Strom der einlaufenden Wettermeldungen. Z. Meteor. **28** (1978), 133—144.

HINKELMANN, K. H., Automatic data processing of synoptic and upper air reports, Lectures on Numerical Short Range Weather Prediction. Leningrad 1969.

JAHN, W., VAHLE, H., Die Faktorenanalyse. Berlin 1970.

JUDIN, M. I., Nekotorye zakonomernosti struktury polja geopotenciala. Trudy GGO 121 (1961) 3—18.

KIBEL, I. A., Priloženie k meteorologii uravnenij mechaniki baroklinnoj židkosti. Izv. AN SSSR, ser. geograf. i geofiz. **5** (1940), 627—630.

KIBEL, I. A., Vvedenie v gidrodinamičeskie metody kratkosročnogo prognoza pogody. Izd. techn.-tecretic. lit., Moskva 1957.

KLEIN, W. H., The AFOS program and future forecast application. Month. Weath. Rev. **104** (1976), 1494—1504.

KLJAGINA, L. P., Opredelenie parametrov kompleksnogo kontrolja polja prizemnogo davlenija. Trudy GGO 43 (1980) 44—50.

KLUGE, J., Optimal combination of different kinds of geopotential information by a one-step and multi-step procedure. GARP/PNE, Report No. 11 (1976a) 241—249.

KLUGE, J., Ausnutzung der Winddaten bei der numerischen Analyse des Geopotentials der AT der mittleren Troposphäre mittels optimaler Interpolation. Z. Meteor. **21** (1970), 286—292.

KLUGE, J., Zur Anwendung der Korrekturmethode bei der numerischen Analyse mittels optimaler Interpolation. Z. Meteor. **26** (1976b), 20—24.

KLUGE, J., Zur Informationsverwertung bei der numerischen Analyse und Initialisierung meteorologischer Felder unter besonderer Beachtung indirekter thermischer Satellitensondierungen. Dissertation B, Humboldt-Universität Berlin, 1982.

KLUGE, J., PETZOLD, M., Zur statistisch optimalen Kombination von aerologischen und SIRS-Daten bei der numerischen Geopotentialanalyse. Z. Meteor. **28** (1978a), 15—25.

KLUGE, J., PETZOLD, M., Nachträgliche Korrektur numerischer Analysen durch SIRS-Daten und einige Ergebnisse zur Abschätzung von deren Informationswert. Z. Meteor. **28** (1978b), 145—151.

KLUGE, J., STAHNKE-JUNGHEIM, K. H., VOLLBRECHT, CH., Die Verwendung von Winddaten bei der operativen numerischen Analyse des Bodendruckfeldes. Z. Meteor. **27** (1977), 147—155.

KLUGE, J., STAHNKE-JUNGHEIM, K. H., VOLLBRECHT, CH., Numerische Geopotentialanalyse unter Verwendung von TEMP-, SATEM- und PROGNOSE-Daten sowie anderen Informationsarten. Z. Meteor. **30** (1980), 232—244.

KLOSE, B., Ein Zusammenhang zwischen Druckfeld und Bodenwind. Dissertation A, Humboldt-Universität Berlin, 1976.

KOLMOGOROV, A. N., Interpolirovanie i ekstrapolirovanie stacionarych slučajnych posledovatel'nostej. Izv. AN ASSR, ser. matem. **5** (1941), 13—23.

KRICAK, M. O., K voprosy ob avtomatičeskom dannych izmerenij vetra v svobodnoj atmosfere. Trudy GGO 267 (1970).

LIBERMAN, JU. M., O vybore sovokupnosti vlijajuščich stancij pri ob-ektivnom analize meteorologičeskich polej. Trudy GMC 170 (1977). 52—60.

LIBERMAN, JU. M., Algoritm kompleksnogo statiko- vremennogo kontrol' aerologičeskoj informacii. Trudy GGO 431 (1980) 23 bis 30.

LORENC, A., RUTHERFORD, I., LARSEN, G., The ECMWF analysis and data-assimilation scheme-analysis of mass and wind fields. ECMWF Techn. Report No. 6 (1977).

MAŠKOVIČ, S. A., Ob ob-ektivnom analize kart baričeskoj topografii severnogo polušarija. Trudy MMC **4** (1964), 3—10.

MCPHERSON, R. D., Progress, problems and prosects in meteorological data assimilation. Bull. Amer. Met. Soc. **56** (1975), 1154 bis 1166.

MCPHERSON, R. D., BERGMAN, K. H., KISTLER, R. E., RASCH, G. E., GORDON, D. S., The NMC operational global data assimilation system. Month. Weath. Rev. **107** (1979), 1445—1461.

MONIN, A. S., Prognoz pogody kak zadača fiziki. Moskva 1969.

NEIBURGER, M., ANGELL, J. K., Meteorological applications of constant-pressure balloon trajectories. J. Meteor. **13** (1956), 166—194.

OLBERG, M., v. SCHÖNERMARK, M., Bearbeitung meteorologischer Zeitreihen mittels Verfahren der mehrdimensionalen Statistik. Z. Meteor. **27** (1977), 30—35.

OVERALL, J. E., PORTERFIELD, J. L., Powered vector method of factor analysis. Psychometrika **28** (1962), 415—422.

PANOFSKY, H. A., Objective weather map analysis. J. Meteor. **6** (1949).

PARFINEVIC, J. V., Trechkomponentnaja model' kompleksnogo geopotenciala i temperatury isobaričeskich poverchnostej. Trudy GGO 348 (1975) 141—155.

PEYINGHAUS, W., Das BKF-Modell als Basis zur Erstellung maschinell-manueller Vorhersagekarten in der Analyse-Vorhersagezentrale des Deutschen Wetterdienstes. Promet, Meteorolog. Fortbildung Offenbach/Main **10** (1980), 1—2.

PROTZE, W., NGUYEN VIET, Die Faktorenanalyse und ihre Anwendung auf meteorologischen Zeitreihen. Diplomarbeit, Humboldt-Universität Berlin, 1972.

RICHARDSON, L. F., Weather prediction by numerical process. Cambridge 1922.

ROSSBY, C. G., On the mutual adjustment of pressure and velocity distribution in certain simple current systems, I, II. J. Marine Res. **1** (1937), 15—28, (1938), 239—263.

ŠKODA, M., Přispěvek k metodám objektivni analýzy meteorologických údaju, Hydrometeorologický ústav. Praha 1975.

SNELLMAN, L. W., MURPHY, A. H., Man and machine in weather forecasting systems-A Symposium, Bull. Amer. Met. Soc. **60** (1979), 800ff.

STAHNKE-JUNGHEIM, K. H., VOLLBRECHT, CH., Numerische Bodendruckanalyse hoher Auflösung. Forschungsbericht, Meteorologischer Dienst der DDR 1975, unveröff.

STAHNKE-JUNGHEIM, K. H., Ein Verfahren zur horizontalen Kontrolle der in der objektiven Analyse absoluter Topographien verwendeten Windinformation. Z. Meteor. **28** (1978), 208—214.

STAHNKE-JUNGHEIM, K. H., Ein iteratives Verfahren der numerischen Bodendruckanalyse. Z. Meteor. **29** (1979), 218—227.

STAHNKE-JUNGHEIM, K. H., Varianten der horizontalen Windkontrolle und die Verwendung der Bodenwinddaten in einem iterativen Verfahren der numerischen Bodendruckanalyse. Z. Meteor. **31** (1981 a), 167—173.

STAHNKE-JUNGHEIM, K. H., Aufbau und Leistungen eines Programmpaketes für die numerische Analyse meteorologischer Felder. Z. Meteor. **31** (1981 b), 174—179.

STAHNKE-JUNGHEIM, K. H., Eine faktorenanalytische Wertung des bei der operativen numerischen Geopotentialanalyse verwendeten statistischen Systems. Z. Meteor., **33** (1983), 348—354.

STAHNKE-JUNGHEIM, K. H., LAMBACHER, W., Die Nutzung der Winddaten mittels der geostrophischen und Gradientwindbeziehung in einem iterativen Verfahren der operativen numerischen Geopotential- und Bodendruckanalyse. Z. Meteor. (im Druck).

STAHNKE-JUNGHEIM, K. H., VOLLBRECHT, CH., Die operative numerische Analyse des Feldes der 3-stündigen Drucktendenz unter besonderer Berücksichtigung der Korrektur der Tendenz bei fahrenden Schiffen. Z. Meteor. **28** (1978), 42—47.

STAHNKE-JUNGHEIM, K. H., VOLLBRECHT, CH., LAMBACHER, W., Mehrflächengeopotentialanalyse. Forschungsbericht, Meteorologischer Dienst der DDR 1979, unveröff.

STRIŽEVSKIJ, L. N., Ob optimal'noj filtracii meteorologičeskich polej, Trudy CIP 146 (1965).

TAUBENHEIM, J., Statistische Auswertung geophysikalischer und meteorologischer Daten. Leipzig 1969.

ÜBERLA, K., Faktorenanalyse. Berlin—Heidelberg—New York 1971.

VOLLBRECHT, CH., Analyse des Temperatur- und Taupunktdifferenzfeldes der freien Atmosphäre. Forschungsbericht, Meteorologischer Dienst der DDR 1979, unveröff.

VOLLBRECHT, CH., Die Kontrolle der synoptischen Information für die numerische Analyse. Vortragsmanuskript, 1979, unveröff.

VOLLBRECHT, CH., STAHNKE-JUNGHEIM, K. H., Sortier- und Suchalgorithmen für ein operatives System objektiver Analysen meteorologischer Felder. Z. Meteor. **28** (1978), 344—351.

WEBER, E., Grundriß der biologischen Statistik für Naturwissenschaftler, Landwirte und Mediziner. Jena 1972.

WIENER, N., Extrapolation, Interpolation and Smoothing of Stationary Time Series with Engineering Applications. New York 1949.

Manfred Olberg / Ferenc Rákóczi

Informationstheorie in Meteorologie und Geophysik

mit besonderer Berücksichtigung der Maximum-Entropie-Spektralschätzung

1984. 181 Seiten — 35 Abbildungen — 19 Tabellen — 14,5 × 21,5 cm — 30,— M
(Vorzugspreis für die DDR 25,— M)
Bestell-Nr. 763 221 6
Bestellwort: Olberg/Rákóczi 6757

Nach einer Einführung in die mathematischen Grundlagen der Informationstheorie wird ihre Anwendung bei der Bearbeitung geophysikalisch-meteorologischer Datenfelder und Zeitreihen behandelt. Neben Angaben zur Meßnetzdichte und zum Vergleich verschiedener Datenfelder wird auch die Anwendung der Informationstheorie bei Prognoseproblemen und in der Klimatologie erläutert.

Bitte richten Sie Ihre Bestellungen an eine Buchhandlung

Akademie-Verlag
1086 Berlin, Leipziger Straße 3—4

FSC
www.fsc.org
MIX
Papier | Fördert gute Waldnutzung
FSC® C083411

Kolibri 360 GmbH
Ferdinand-Jühlke-Straße 7
99095 Erfurt, Deutschland
produktsicherheit@kolibri360.de